图解电工
从入门到精通

TUJIE DIANGONG CONG RUMEN DAO JINGTONG

乔长君　编著

中国电力出版社
CHINA ELECTRIC POWER PRESS

内容提要

本书以丰富的全彩插图，将电工从入门到精通需要掌握的知识和技能进行梳理，繁复操作步步图解，帮助电工初学者成为独当一面的能工巧匠。全书内容包括常用工具与仪表、低压电器维修、三相异步电动机控制与维修、配线与照明工程、变频调速与PLC基本知识，以及电气安全，涵盖电工应知必会的基本知识和操作技能。

本书内容直观，切中要点，是电工必备参考书，可作为企业新入职电气技术人员的培训教材，也可作为职业院校、培训学校相关专业教材。

图书在版编目（CIP）数据

图解电工从入门到精通/乔长君编著．—北京：中国电力出版社，2018.9
ISBN 978-7-5198-2266-8

Ⅰ.①图… Ⅱ.①乔… Ⅲ.①电工技术－图解 Ⅳ.①TM-64

中国版本图书馆 CIP 数据核字（2018）第 164638 号

出版发行：中国电力出版社
地　　址：北京市东城区北京站西街 19 号（邮政编码 100005）
网　　址：http://www.cepp.sgcc.com.cn
责任编辑：莫冰莹（010-63412526）
责任校对：黄　蓓　朱丽芳
装帧设计：赵姗姗
责任印制：杨晓东

印　　刷：北京博图彩色印刷有限公司
版　　次：2018 年 9 月第一版
印　　次：2018 年 9 月北京第一次印刷
开　　本：880 毫米×1230 毫米　32 开本
印　　张：6.75
字　　数：188 千字
印　　数：0001—3000 册
定　　价：48.00 元

前言
PREFACE

随着电气技术的不断发展，新型电气设备在生产、生活中越来越被广泛应用，从事电气维护、管理的人员也越来越多。平时学什么、出现故障怎样判断、找到故障怎样处理，是广大电工和电气技术人员必须面对的实际问题。这不仅要求电气从业者沉积雄厚的理论知识，还要积累丰富的实际工作经验，也只有这样才能具备较高的技术素质和扎实的基本功，在生产实际妥善解决各种技术难题，关键时刻有所作为。基于此，编者总结多年从事电气维修工作的实践经验，结合电气技术的新发展，编写了本书。

本书在内容选取上遵循实用、够用的原则，所选问题力求贴近实际，并突出对新技术、新设备、新工艺的推广应用。本书具有以下特点：

（1）通俗性。本书内容精炼，语言通俗，全彩插图，避免了一些涉及繁琐理论与技术的内容，浅显易懂。

（2）针对性。本书所选实例都是维修电工考核和生产一线经常遇到的知识和技能，贴合生产实际。

（3）完备性。本书选材注重实用性和通用性，完整构建电工必备的基本技能知识体系。

本书由乔长君编著，李东升、王岩、双喜、葛巨新、郭建、朱家敏、于蕾、武振忠、杨春林等为本书的编写做了大量辅助性工作。在此表示深深的感谢！

由于编者水平有限，不足之处在所难免，敬请读者批评指正。

编　者

2018.7

目 录
CONTENTS

3 三相异步电动机控制与维修

4 配线与照明工程

5　变频调速基本知识

6　PLC 基本知识

7　电 气 安 全

1

常用工具与仪表

1.1 常用工具的使用

1.1.1 通用工具的使用

1. 低压验电器

低压验电器,简称电笔。有氖泡笔式、氖泡改锥式和感应(电子)笔式等。两种低压验电器的外形如图1-1所示。

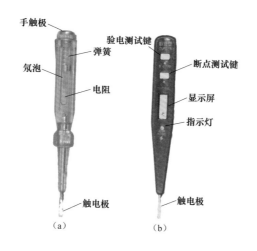

图 1-1 常用验电器
(a) 氖泡改锥式;(b) 感应(电子)笔式

验电的使用方法:

(1) 氖泡改锥式验电器的使用方法。中指和食指夹住验电器、大拇指压住手触极,触电极接触被测点,氖泡发光说明有电、不发光说明没电,如图1-2(a)所示。

(2) 感应(电子)笔式验电器的使用方法。中指和食指夹住验电器、大拇指压住验电测试键,触电极接触被测点,指示灯发光并有显示说明有电、指示灯不发光说明没电,如图1-2(b)所示。

图1-2　低压验电器的使用

（a）氖泡改锥式；（b）感应（电子）笔式

🔘 **使用注意事项**

1）氖泡式验电器使用时应注意手指不要靠近笔的触电极，以免通过触电极与带电体接触造成触电。

2）在使用低压验电器时还要注意检验电路的电压等级，只有在500V以下的电路中才可以使用低压验电器。

2. 螺丝刀

螺丝刀又称改锥、起子，是一种旋紧或松开螺钉的工具，常用螺丝刀及使用方法如图1-3所示。按照头部形状可分为一字形和十字形两种，使用时应注意选用合适的规格，以小带大，可能造成螺丝刀刃口扭曲；以大代小，容易损坏电器元件。

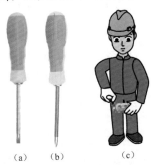

图1-3　常用螺丝刀及使用方法

（a）一字形螺丝刀；（b）十字形螺丝刀；（c）使用方法

🔘 使用注意事项

1）电工不可使用金属杆直通柄顶的螺丝刀，否则易造成触电事故；

2）使用螺丝刀紧固或拆卸带电的螺钉时，手不得触及螺丝刀的金属杆，以免发生触电事故；

3）为了避免螺丝刀的金属杆触及皮肤或邻近带电体，应在金属杆上穿套绝缘管。

3. 钳子

钳子可分为钢丝钳（克丝钳）、尖嘴钳、圆嘴钳、斜嘴钳（偏口钳）、剥线钳等多种。几种钳子的外形图如图1-4所示。

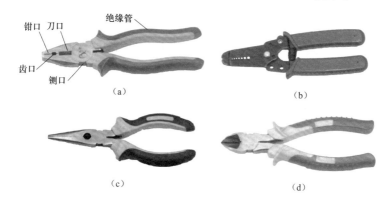

图1-4 各种类型的钳子

(a) 平头钢丝钳；(b) 剥线钳；(c) 尖嘴钢丝钳；(d) 斜嘴钳

（1）圆嘴钳与尖嘴钳。

1）圆嘴钳主要用于将导线弯成标准的圆环，常用于导线与接线螺钉的连接作业中，用圆嘴钳不同的部位可做出不同直径的圆环。尖嘴钳则主要用于夹持或弯折较小较细的元件或金属丝等，特别是较适用于狭窄区域的作业。

2）圆嘴钳的使用（制作导线压接圈）。把在离绝缘层根部1/3处向左外折角（多股导线应将离绝缘层根部约1/2长的芯线重新绞紧，越紧越好），如图1-5（a）所示；然后弯曲圆弧，如图1-5（b）所示；当圆弧弯曲得将成圆圈（剩下1/4）时，应将余下的芯线向右外折角，然后使其成圆，捏平余下线端，使两端芯线平行，如图1-5（c）所示。

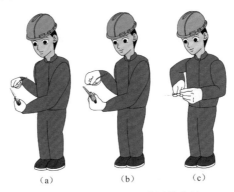

（a）　　　　　　（b）　　　　　　（c）

图1-5　制作导线压线圈的方法
（a）芯线左外折角；（b）弯曲圆弧；（c）剩余芯线右外折角

（2）钢丝钳。钢丝钳可用于夹持或弯折薄片形、圆柱形金属件及切断金属丝。对于较粗较硬的金属丝，可用其轧口切断。使用钢丝钳（包括其他钳子）不要用力过猛，否则有可能将其手柄压断。

（3）斜嘴钳。斜嘴钳主要用于切断较细的导线，特别适用于清除接线后多余的线头和毛刺等。

（4）剥线钳。剥线钳是剥离较细绝缘导线绝缘外皮的专用工具，一般适用于线径在0.6～2.2mm的塑料和橡皮绝缘导线。

剥削绝缘层的使用方法：打开销子，选择合适的刀口，并将导线放入刀口，压下钳柄使钳子在导线上转一圈，如图1-6（a）所示。左手大拇指向外推钳头、右手压住钳柄并向外拨，绝缘层就随剥线钳一起脱离导线，如图1-6（b）所示。其主要优点是不伤导线、切口整齐、方便快捷。使用时应注意选择其刀口大小应与被剥导线线径相当，若小则会损伤导线。

（a）　　　　（b）

图1-6　剥线钳的使用

4. 电工刀

电工刀是用来剖削电线外皮和切割

电工器材的常用工具，其结构如图 1-7 所示。

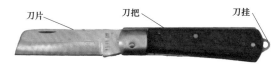

图 1-7 电工刀的结构

使用电工刀剥削绝缘层的方法：

（1）将电工刀以近于 45°倾斜切入绝缘层，如图 1-8（a）所示。

（2）将电工刀以 15°角沿绝缘层向外推削至绝缘层端部，如图 1-8（b）所示。

（3）将剩余绝缘层翻过来切除，如图 1-8（c）所示。

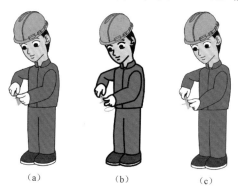

　　　　（a）　　　　　　　（b）　　　　　　　（c）

图 1-8 电工刀的使用

（a）刀以 45°倾斜切入；（b）刀以 15°倾斜推削；（c）翻转绝缘层并切除剩余部分

🔘 使用注意事项

1）使用电工刀时应注意避免伤手，不得传递未折进刀柄的电工刀。

2）电工刀用毕，随时将刀身折进刀柄。

3）电工刀刀柄无绝缘保护，不能带电作业，以免触电。

5. 电烙铁

电烙铁的结构如图 1-9 所示。电烙铁的规格是以其消耗的电功率来表示的，通常在 20～500W 之间。一般在焊接较细的电线时，用 50W 左右的；焊接铜板等板材时，可选用 300W 以上的电

6

烙铁。

电烙铁用于锡焊时，在焊接表面必须涂焊剂才能进行焊接。常用的焊剂中，松香液适用于铜及铜合金焊件，焊锡膏适用于小焊件。氯化锌溶液可用于薄钢板焊件。

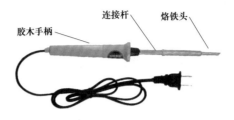

图 1-9 电烙铁的结构

镀锡的使用方法：将导线绝缘层剥除后，涂上焊剂，用电烙铁头给镀锡部位加热，如图 1-10 (a) 所示。待焊剂熔化后，将焊锡丝放在电烙铁头上与导线一起加热，如图 1-10 (b) 所示，待焊锡丝熔化后再慢慢送入焊锡丝，直到焊锡灌满导线为止。

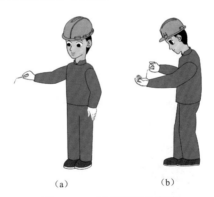

(a)   (b)

图 1-10 导线镀锡的方法
(a) 给导线加热；(b) 送入焊锡丝

焊接前应用砂布或锉刀等对焊接表面进行清洁处理，除去上面的脏物和氧化层，然后涂以焊剂。烙铁加热后，可分别在两焊点上涂上一层锡，再进行对焊。

6. 扳手

扳手又称扳子，分为活扳手和死扳手（呆扳手或傻扳手）两大类，死扳手又分单头、双头、梅花（眼镜）扳手、内六角扳手、外六角扳手多种，如图 1 - 11 所示。

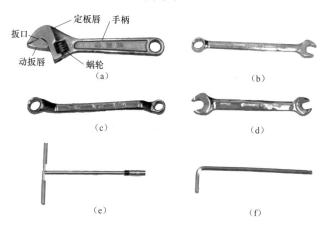

图 1 - 11 常用电工扳手

（a）活扳手；（b）两用扳手；（c）梅花扳手；（d）双头呆扳手；
（e）外六角扳手；（f）内六角扳手

活扳手的使用方法：将扳手打开，插入被扭螺钉，扭动蜗轮靠紧螺钉，如图 1 - 12（a）所示。按住蜗轮，顺时针扳动手柄，螺钉就被拧紧，如图 1 - 12（b）所示。

图 1 - 12 活扳手的使用

（a）插入被扭螺钉并扭动蜗轮；
（b）按住蜗轮，顺时针扳手柄

使用注意事项

1）死扳手的口径应与被旋螺母（或螺杆）的规格尺寸一致，对外六角螺母，小则不能用，大则容易损坏螺母的棱角，使螺母变圆而无法使用。内六角扳手刚好相反。

2）活扳手旋动较小螺钉时，应用拇指推紧扳手的调节蜗轮，防止卡口变大打滑。

3）使用扳手应注意用力适当，防止用力过猛，紧固时应适可而止，否则可能造成螺钉的损伤，严重时会使其螺纹损坏而失去压紧作用。

7. 手锤

手锤由锤头、手柄和楔子组成，如图 1 - 13（a）所示。是电工常用的敲击工具。

使用手锤安装木榫的方法：将木方削成大小合适的八边形，先将木榫小头塞入孔洞，用锤子敲打木榫大头，直至与孔洞齐平为止，如图1 - 13（b）所示。

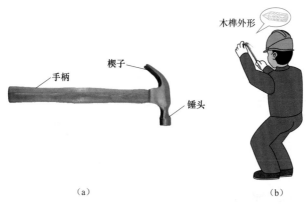

（a）　　　　　　　　　　　　　（b）

图 1 - 13　手锤的结构及使用方法

（a）手锤的结构；（b）使用方法

8. 手锯

手锯由锯弓和锯条两部分组成，其外形如图 1 - 14（a）所示。通常的锯条规格为300mm，其他还有200mm、250mm两种。锯条的锯齿有粗细之分，目前使用的齿距有0.8mm、1.0mm、1.4mm、1.8mm等几种。齿距小的细齿锯条适于加工硬材料和小尺寸工件以及薄壁钢管等。

手锯锯管的方法：左手握住手柄，右手握住锯弓，锯条按在钢管上前后推拉，就可锯断钢管，如图 1 - 14（b）所示。

使用时锯条绷紧程度要适中。过紧时会因极小的倾斜或受阻而绷断；过松时锯条产生弯曲也易折断。装好的锯条应与锯弓保持在同一中心平面内，这对保证锯缝正直和防止锯条折断都是必要的。

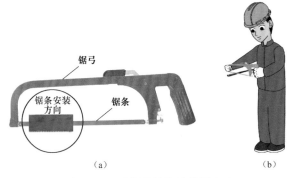

（a）　　　　　　　　　　　　（b）

图 1-14　手锯的结构及使用方法

（a）手锯的结构；（b）使用方法

9. 管子钳

管子钳的外形如图 1-15（a）所示。用来拧紧或松散电线管子上的束节或管螺母，使用方法如图 1-15（b）所示。

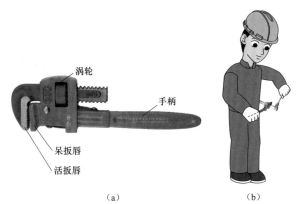

（a）　　　　　　　　　　　　（b）

图 1-15　管子钳的结构及使用方法

（a）管子钳的结构；（b）使用方法

10. 电锤钻

电锤钻是一种手持方式工作的电钻，外形如图 1-16（a）所示。常用的是手枪式电锤钻，使用电源为 220V 或 36V。主要用于固定设施的钻孔和打孔。

使用电锤钻打孔的方法：两手握住手柄，垂头对准要打孔部位，垂直用力，就可打出需要的孔洞，如图 1-16（b）所示。

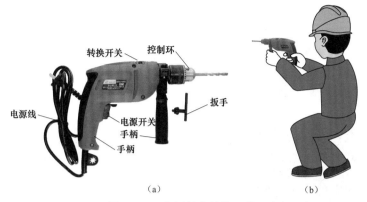

转换开关　控制环

扳手

电源线

电源开关
手柄
手柄

（a）　　　　　　　　　　（b）

图 1-16　电锤钻的结构及使用方法

（a）电锤钻的结构；（b）使用方法

🔘 **使用注意事项**

1）使用电锤钻打孔，工作过程中振动较大，负载较重。因此，使用前应检查各连接部紧固可靠性后才能操作作业。

2）在凿孔前，必须探查凿孔的作业处内部是否有钢筋，在确认无钢筋后才能凿孔，以避免电锤钻的硬质合金刀片在凿孔中冲撞钢筋而崩裂刃口。

3）电锤钻在凿孔时应将电锤钻顶住作业面后再启动操作，以避免电锤钻空打而影响使用寿命。

4）电锤钻向下凿孔时，只要双手分别握住手柄和辅助手柄，利用其自重进给，不需施加轴向压力；向其他方向凿孔时，只需施加 50～100N 轴向压力即可，如果用力过大，对凿孔速度及电锤钻的使用寿命反而不利。

5）电锤钻凿孔时，电锤钻应垂直于作业面，不允许电锤钻在孔内左右摆动，以免影响成孔的尺寸和损坏电锤钻。在凿孔时，应注意电锤钻的排屑情况，要及时将电锤钻退出。反复掘进，不要猛进，以防止出屑困难而造成电锤钻发热磨损和降低凿孔效率。

6）对成孔深度有要求的凿孔作业，可以使用定位杆来控制凿孔深度。

7）电锤钻在凿孔时，尤其在由下向上和向侧面凿孔时必须戴防护眼镜和防尘面罩。

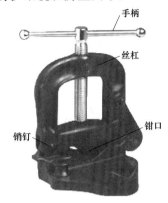

图 1 - 17 管子台虎钳的结构

11. 管子台虎钳

管子台虎钳安装在钳工工作台上，用来夹紧以便锯切管子或对管子套制螺纹等，其结构如图 1 - 17 所示。

管子台虎钳使用方法：①旋转手柄，使上钳口上移；②将台虎钳放正后打开钳口；③将需要加工的工件放入钳口。④合上钳口，注意一定要扣牢。如果工件不牢固，可旋转手柄，使上钳口下移，夹紧工件。如图 1 - 18 所示。

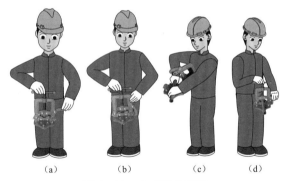

（a） （b） （c） （d）

图 1 - 18 台虎钳的使用

（a）钳口上移；（b）打开钳口；（c）放入工件；（d）合上钳口

🔘 **使用注意事项**

1）管子台虎钳固定好后，其卡钳口应牢固可靠，上钳口在滑道内应能自由移动，且压紧螺杆和滑道应经常加油。

2）装夹工件时，不得将与钳口尺寸不相配的工件上钳；对于过长的工件，必须将其伸出部分支撑稳固。

3）装夹脆性或软性的工件时，应用布、铜皮等包裹工件夹持部分，且不能夹得过紧。

4）装夹工件时，必须穿上保险销。旋转螺杆时，用力适当，严禁用锤击或加装套管的方法扳紧钳柄。工件夹紧后，不得再去移动其外伸部分。

5）使用完毕，应擦净油污，合上钳口；长期不用时，应涂油存放。

12. 钢管管子割刀

钢管管子割刀是一种专门用来切割各种金属管子的工具。其结构如图 1 - 19 所示。

丝杠

割刀　滚轮

图 1 - 19　管子割刀的结构

使用方法：①将需要切割的管子固定在台虎钳上，将待割的管子卡入割刀，旋动手柄，使刀片切入钢管；②做圆周运动进行切割，边切割边调整螺杆，使刀片在管子上的切口不断加深，直至把管子切断，如图 1 - 20 所示。

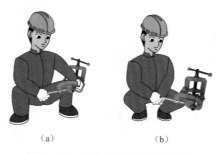

（a）　　　　　　　　（b）

图 1 - 20　钢管管子割刀的使用
（a）切入钢管；（b）旋转加力

🔘 **使用注意事项**

①割件时不要左右摆动，用力要均匀；②割刀的旋转方向与开口方向一致，不能倒转。

13. 管子绞扳

管子绞扳主要用于管子螺纹的制作，有轻型和重型两种，轻型管子绞扳的结构如图1-21所示。

图1-21 轻型管子绞扳的结构

使用方法：将牙块按1、2、3、4顺序号顺时针装入牙架，拧紧牙架护罩螺钉，将牙架插入支架孔内，安上卡簧，用一手扶着将牙架套入钢管，摆正后慢慢转动两圈，然后两手用力扳动手柄，感到吃力时可以在丝扣上滴入少许机油，然后将加长手柄旋入继续转动，直到所需扣数为止，如图1-22所示。

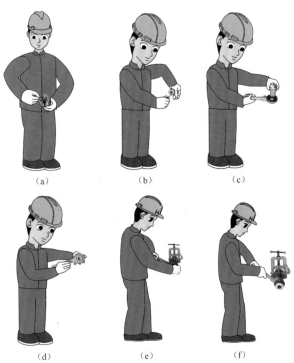

图1-22 管子绞扳的使用

(a) 装入牙块；(b) 紧固外罩；(c) 插入支架；(d) 放上卡簧；(e) 套入钢管；(f) 转动支架

14. 弯管器

弯管器是用于管路配线中将管路弯曲成型的专用工具。常用的手动弯管器的结构如图 1-23 所示。

手柄

模具
角度尺

呆手柄

挡板

图 1-23　手动弯管器的结构

使用方法：先根据要弯管的外径选择合适的模具，固定模具后插入管子，再双手压动手柄，观察刻度尺，当手柄上横线对准需要弯管角度时，操作完成，如图 1-24 所示。

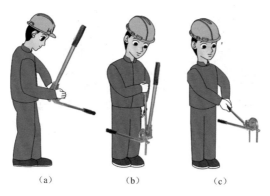

（a）　　　　　　（b）　　　　　　（c）

图 1-24　手动弯管器的使用
（a）安装模具；（b）放入管子；（c）扳手柄弯管

15. 拉马

拉马又称拉子、拉离器，是拆卸皮带轮、联轴器和滚动轴承的专用工具。拉马可分为手力拉马和油（液）压拉马，手动拉马如图 1-25 所示。

使用方法（拆卸轴承）：旋松拉马顶丝，将拉马的三个拉爪拉住轴承外圆，顶丝顶住轴端中心孔。用扳手拧动顶丝，轴承就被

图 1 - 25　手动拉马的结构

缓慢拉出，如图 1 - 26 所示。

　　使用时应注意要把拉马摆正，丝杠要对准机轴中心，如果所拉部件已经锈死，要在接缝处浸少量松动剂，并用铁锤敲击所拉部件外缘或丝杠顶部，慢慢将工件拉出，如图 1 - 26 所示。

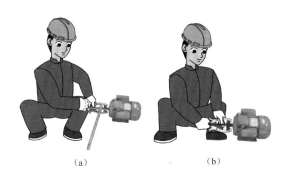

（a）　　　　　　　　　　　（b）

图 1 - 26　拉马的使用
（a）顶住中心孔；（b）扳动顶丝

16. 喷灯

　　喷灯是火焰钎焊的热源，用来焊接较大铜线耳，大截面铜导线连接处的加固焊锡，以及其他电连接表面的防氧化镀锡等，如图 1 - 27 所示。按使用燃料的不同，喷灯分为煤油喷灯和汽油喷灯两种。

　　使用方法：先关闭放油调节阀，给打气筒打气，然后打开放油阀用手挡住火焰喷头，若有气体喷出，说明喷灯正常。关闭放油调节阀，拧开打气筒，分别给筒体和预热杯加入汽油，然后给

图 1-27　喷灯的结构

筒体打气加压至一定压力，点燃预热杯中的汽油，在火焰喷头达到预热温度后，旋动放油调节阀喷油，根据所需火焰大小调节放油调节阀到适当程度，就可以焊接了，如图 1-28 所示。

使用时注意打气压力不得过高，防止火焰烧伤人员和工件，周围的易燃物要清理干净，在有易燃易爆物品的周围不准使用喷灯。

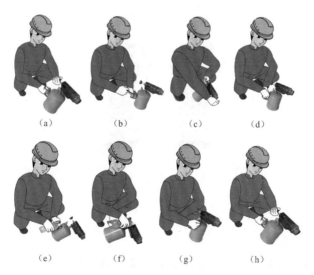

图 1-28　喷灯的使用

（a）关闭放油阀；（b）打气；（c）试气；（d）拧开打气筒；（e）加油；
（f）预热杯加油；（g）点燃预热杯；（h）调节放油阀

17. 工具夹

工具夹是用来插装螺丝刀、电工刀、验电器、钢丝钳和活扳手等电工常用工具的物件，分有插装三件、五件工具等各种规格，是电工操作的必备用品，如图1-29所示。

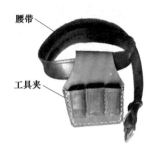

图1-29 工具夹的结构

使用方法：将工具依次插入工具夹中，腰带系于腰间并插上锁扣，如图1-30所示。

（a） （b）

图1-30 工具夹的使用

（a）插入工具；（b）系上锁扣

18. 轴承加热器

轴承加热器主要用于加热轴承，其结构如图1-31所示。

使用方法：打开活动磁铁，套上轴承，将温度探头吸在轴承上，插上电源线，设定加热温度和时间，按下"开始"按钮，开始加热，如图1-32所示。

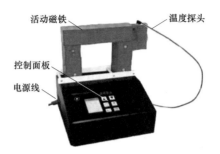

图 1-31　轴承加热器的结构

图 1-32　轴承加热器的使用

（a）打开活动磁铁；（b）套上轴承；（c）安上探头，插上电源线；

（d）按下"温度"按钮调整温度；（e）按下"时间"按钮调整

时间；（f）按下"开始"按钮

1.1.2 测量工具的使用

1. 游标卡尺

游标卡尺的测量范围有 0～125mm、0～200mm、0～500mm 三种规格。主尺上刻度间距为 1mm，副尺（游标）有读数值为 0.1mm、0.05mm、0.02mm 三种，其结构如图 1-33（a）所示。

使用游标卡尺测量钢管外径的方法：松开主副尺固定螺钉，将钢管放在内径测量爪之间，拇指推动微动手轮，使内径活动爪靠紧钢管，即可读数。图 1-33（b）中先读主尺 26，再看副尺刻度 4 与主尺 30 对齐，这样小数为 0.4，加上 26，结果为 26.4mm。

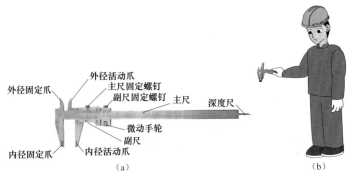

图 1-33　游标卡尺的结构及使用方法

（a）游标卡尺的结构；（b）使用方法

2. 外径千分尺

外径千分尺主要用来测量导线的外径，主要由固定砧、活动螺杆、锁紧手柄、微分筒、棘轮组成，如图 1-34 所示。

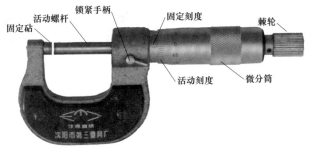

图 1-34　外径千分尺的结构

20

测量导线外径的方法：左手将平直导线置于固定砧和活动螺杆之间，右手旋动微分筒，如图 1－35（a）所示。待活动螺杆靠近导线时，右手改旋棘轮，听到"咔咔"响声时，说明导线已被夹紧，可以读数，如图 1－35（b）所示。

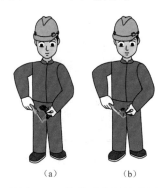

（a）　　　　　　（b）

图 1－35　外径千分尺的使用

（a）旋转微分筒；（b）旋转棘轮

🔘 使用注意事项

使用前应把千分尺的两个测量面擦净，并转动棘轮，使两个测量面接触（不允许有间隙），检查微分筒零位线是否对准固定套筒的零位刻线。

1.2　工具仪表的使用

1.2.1　测量仪表的使用

1. 钳形电流表

钳形电流表主要由钳口、开关、显示屏、功能转换开关组成，VC3266L＋型钳形电流表的结构如图 1－36 所示，它具有万用表同样的功能。

电流测量方法：打开钳口，将被测导线置于钳口中心位置，如图 1－37（a）所示，合上钳口即可读出被测导线的电流值，如图 1－37（b）所示。

21

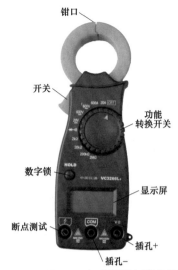

图 1 - 36　VC3266L＋型钳形电流表的结构

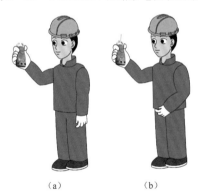

（a）　　　　　（b）

图 1 - 37　钳形电流表使用方法
（a）打开钳口；（b）夹入导线并读数

　　测量较小电流时，可把被测导线在钳口多绕几匝，这时实际电流应除以缠绕匝数。

　　2. 万用表

　　万用表主要用于测量直流电流、直流电压、交流电流、交流电压和直流电阻，有的还可用来测量电容、二极管通断等，数字式万用表的结构如图 1 - 38 所示。万用表有多个接线柱，红表笔接＋（VΩ）线柱，黑色表笔接－（COM）线柱，测量电流时红表笔接 10mA 或

10A线柱。测量中应先选择测量种类，然后选择量程。如果不能估计测量范围时，应先从最大量程开始，直至误差最小，以免烧坏仪表。

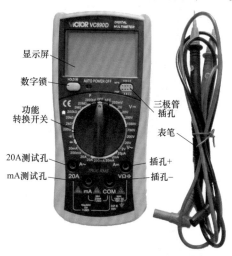

图1-38 数字式万用表的结构

电阻测量方法：将万用表红表笔接＋（VΩ）线柱，黑色表笔接－（COM）线柱，选择开关打2kΩ挡。两表笔分别接触接触器线圈的两个接线柱，万用表显示为0.429kΩ，如图1-39所示。如需再精确测量时，可将转换开关打2000挡重新测量。测量完毕将转换开关打OFF挡。

注意事项：测量电流时，万用表应串联在电路中；测量电压、电阻时，万用表应并联在电路中；指针式万用表测量电阻每换一挡，必须校零一次。测量完毕，应关闭或将转换开关置于电压最高挡。

3. 绝缘电阻表

绝缘电阻表俗称摇表、绝缘摇表。主要用于测量绝缘电阻，有手动和电动两种，手动绝缘电阻表的结构如图1-40所示。

测量电动机绝缘电阻的方法：将L、E两表笔短接缓慢摇动发电机手柄，指针应指在

图1-39 使用万用表测量电阻

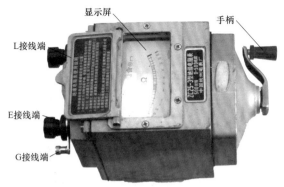

显示屏　手柄

L接线端

E接线端

G接线端

图 1-40　手动绝缘电阻表的结构

"0" 位置，如图 1-41 所示。

L 表笔不动，将 E 表笔接地，由慢到快摇动手柄。若指针指零位不动时，就不要在继续摇动手柄，说明被试品有接地现象。若指针上升，则摇动手柄到额定转速（120r/min），稳定后读取测量值如图 1-41（b）所示。

(a)　　　　　(b)
图 1-41　绝缘电阻的使用
(a) 对零；(b) 测试

● 使用注意事项

1）在测量电缆导线芯线对缆壳的绝缘电阻时，应将缆芯之间的内层绝缘物接 G（保护环），以消除因表面漏电而引起的误差。

2）测量前必须切断被测试品的电源，并接地短路放电，不允许用绝缘电阻表测量带电设备的绝缘电阻，以防发生人身和设备事故。

3）测量完毕，需待绝缘电阻表的指针停止摆动且被试品放电后方可拆除，以免损坏仪表或触电。

4）使用绝缘电阻表时，应放在平稳的地方，避免剧烈振动或翻转。

5）按被试品的电压等级选择测试电压挡。

1.2.2　测量仪器的使用

1. 测振仪

测振仪主要用来测量设备的速度、加速度或位移，其结构如

图1-42所示。

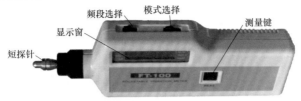

图1-42   测振仪的结构

（1）检测电池电压。按测量（MEAS）键，观察液晶是否显示"⠆"，若显示，则说明电池电压过低，应更换电池，如图1-43所示。

（2）测量模式的选择。用模式选择开关选择测量模式：加速度、速度或位移。加速度采用单位 m/s^2，也可以除以 9.8 转换为 $g(g=9.8\text{m/s}^2)$，如图1-44所示。

图1-43   测振仪电池检测   图1-44   测振仪模式选择

（3）选择测量频率范围。在进行加速度测量时，可用频率选择开关选择频段范围，选中频率带有显示器左端箭头指示。

（4）测量。

1）按测量（MEAS）键，并保持10s左右，仪器就可进行测量。

2）按着测量键，并将探头以 5～10N 压力垂直顶住被测物体，测量结果就会显示出来，松开测量键，被测数值将保持在显示器上，此时可读取并记录测量值，如图1-45所示。

3）按测量键去除保持功能，可再次进行测量。

4）松开测量键约10min，仪器将会自动断电。

图1-45 测振仪的使用

2. 转速表

转速表主要用于测量电动机的转速,其结构如图1-46所示。

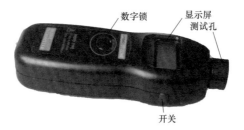

图1-46 转速表的结构

测试时先在转轴上贴上闪光纸,按动开关,红外线检测孔对准被测点,便可在显示屏上读出该点的速度值,如图1-47所示。

图1-47 红外测温仪的使用

2

低压电器维修

2.1 控制电器

2.1.1 熔断器式刀开关

1. 熔断器式刀开关的结构

熔断器式刀开关又称胶盖瓷底刀开关（俗称胶盖闸），主要由瓷手柄、静触头、动触头和熔体组成，如图 2-1 所示。

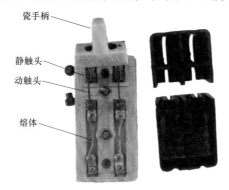

瓷手柄
静触头
动触头
熔体

图 2-1　HK 系列熔断器式刀开关的结构

2. 熔断器式刀开关的选用

（1）额定电压的选择。熔断器式刀开关用于照明电路时，可选用额定电压为 220V 或 250V 的二极开关；用于小容量三相异步电动机时，可选用额定电压为 380V 或 500V 的三极开关。

（2）额定电流的选择。在正常的情况下，熔断器式刀开关一般可以接通或分断其额定电流。因此，当熔断器式刀开关用于普通负载（如照明或电热设备）时，它的额定电流应等于或大于开断电路中各个负载额定电流的总和。

当熔断器式刀开关被用于控制电动机时，考虑到电动机的启动电流可达额定电流的 4～7 倍，因此不能按照电动机的额定电流来选用，而应把熔断器式刀开关的额定电流选得大一些，换句话说，应适当降低容量使用。根据经验，其额定电流一般可选为电动机额定电流的 3 倍左右。

（3）熔丝的选择。

1）对于变压器、电热器和照明电路，熔丝的额定电流宜等于或稍大于实际负载电流。

2）对于配电线路，熔丝的额定电流宜等于或略小于线路的安全电流。

3）对于电动机，熔丝的额定电流一般为电动机额定电流的1.5～2.5倍。在重载启动和全电压启动的场合，应取较大的数值；而在轻载启动和减压启动的场合，则应取较小的数值。

3. 熔断器式刀开关的使用和维护

（1）熔断器式刀开关的防尘、防水和防潮性都很差，不可放在地上使用，更不应在户外、特别是农田作业中使用，因为这样使用时易发生事故。

（2）熔断器式刀开关的胶盖和瓷底板（座）均易碎裂，一旦发生了这种情况，就不宜继续使用，以防发生人身触电伤亡事故。

（3）由于过负荷或短路故障，而使熔丝熔断，待故障排除后，需要重新更换熔丝时，必须在触刀（闸刀）断开的情况下进行，而且应换上与原熔丝相同规格的新熔丝，并注意勿使熔丝受到机械损伤。

（4）更换熔丝时，应特别注意观察绝缘瓷底板（座）及上、下胶盖部分。这是由于熔丝熔化后，在电弧的作用下，使绝缘瓷底板（座）和胶盖内壁表面附着一层金属粉粒，这些金属粉粒将造成绝缘部分的绝缘性能下降，甚至不绝缘，致使重新合闸送电的瞬间，造成开关本体相间短路。因此，应先用干燥的棉布或棉丝将金属粉粒擦净，再更换熔丝。

（5）当负载较大时，为防止出现熔断器式刀开关本体相间短路，可与熔断器配合使用。将熔断器装在开关的负载一侧，开关本体不再装熔丝，在应装熔丝的接点上装与线路导线截面积相同的铜线。此时，熔断器式刀开关只做开关使用，短路保护及过负荷保护由熔断器完成。

4. 熔断器式刀开关的检修

拆下下胶盖螺母，取下下胶盖，用螺丝刀拆除紧固螺钉，即可更换熔丝，如图2-2所示。

（a）　　　　（b）　　　　（c）

图2-2　HK系列熔断器式刀开关的拆卸
（a）拆下膝盖螺母；（b）取下胶盖；（c）拆除紧固螺钉

2.1.2　组合开关

1. 组合开关的结构

组合开关（又称转换开关）实质上也是一种刀开关，主要由手柄、转轴、弹簧、静触头、动触头、接线端子等组成，如图2-3所示。

手柄

转轴

弹簧

静触头
接线端子

动触头

图2-3　组合开关的结构

2. 组合开关的选用

组合开关是一种体积小、接线方式多、使用非常方便的开关电器。选择组合开关时应注意以下几点。

（1）组合开关应根据用电设备的电压等级、容量和所需触点数进行选用。组合开关用于一般照明、电热电路时，其额定电流应等于或大于被控制电路中各负载电流的总和；组合开关用于控制电动机时，其额定电流一般取电动机额定电流的 1.5～2.5 倍。

（2）组合开关接线方式很多，应能够根据需要，正确地选择相应规格的产品。

（3）组合开关本身是不带过载保护和短路保护的。如果需要这类保护，就必须另设其他保护电器。

3. 组合开关的使用和维护

（1）由于组合开关的通断能力较低，故不能用来分断故障电流。当用于控制电动机作可逆运转时，必须在电动机完全停止转动后，才允许反向接通。

（2）当操作频率过高或负载功率因数较低时，组合开关要降低容量使用，否则会影响开关寿命。

（3）在使用时应注意，组合开关每小时的转换次数一般不超过 15～20 次。

（4）经常检查开关固定螺钉是否松动，以免引起导线压接松动，造成外部连接点放电、打火、烧蚀或断路。

（5）检修组合开关时，应注意检查开关内部的动、静触片接触情况，以免造成内部接点起弧烧蚀。

4. 组合开关的检修

拆除固定螺栓，取出固定螺杆，这时即可一层一层取出零件进行检修，如图 2-4 所示。

2.1.3 断路器

1. 断路器的结构

低压断路器曾称自动开关，DZ 系列断路器主要由动触点、静触点、灭弧装置、操动机构、热脱扣器组成，如图 2-5 所示。

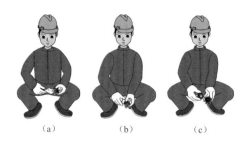

（a）　　　　　（b）　　　　　（c）

图 2-4　组合开关的拆卸

（a）拆除固定螺栓；（b）取出固定螺杆；（c）取出其他零件

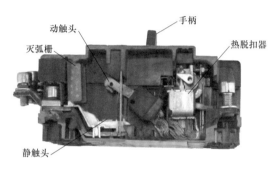

动触头　　　　　手柄

灭弧栅　　　　　热脱扣器

静触头

图 2-5　DZ 系列断路器的结构

2. 断路器的选择

（1）断路器的额定工作电压大于或等于线路的额定电压，即

$$U_{bN} \geqslant U_{IN} \qquad (2-1)$$

式中　U_{bN}——断路器的额定工作电压（V）；

　　　U_{IN}——线路的额定电压（V）。

（2）断路器的额定电流大于或等于线路计算负载电流，即

$$I_{bN} \geqslant I_{cl} \qquad (2-2)$$

式中　I_{bN}——断路器的额定电流（A）；

　　　I_{cl}——线路的计算负载电流（A）。

（3）断路器的额定短路通道能力大于或等于线路中可能出现的最大短路电流。

（4）线路末端单相对地短路电流大于或等于 1.25 倍断路器瞬时或短延时脱扣器整定电流。

（5）断路器欠电压脱扣器额定电压大于或等于线路额定电压，即

$$U_{uV} \geqslant U_{IN} \qquad (2-3)$$

式中　U_{uV}——断路器欠电压脱扣器的额定电压（V）；

　　　U_{IN}——线路的额定电压。

（6）具有短延时的断路器，若带欠电压脱扣器，则欠电压脱扣器必须是延时的，其延时时间应大于或等于短路延时时间。

（7）断路器的分励脱扣器额定电压大于或等于控制电源电压，即

$$U_{sr} \geqslant U_C \qquad (2-4)$$

式中　U_{sr}——断路器分励脱扣器的额定电压（V）；

　　　U_C——控制电源电压（V）。

（8）电动机传动机构的额定电压等于控制电源电压。

3. 断路器的使用和维护

（1）断路器在使用前应将电磁铁工作面上的防锈油脂抹净，以免影响电磁系统的正常动作。

（2）操作机构在使用一段时间后（一般为 1/4 机械寿命），在传动部分应加注润滑油（小容量塑料外壳式断路器不需要）。

（3）每隔一段时间（六个月左右或在定期检修时），应清除落在断路器上的灰尘，以保证断路器具有良好绝缘。

（4）应定期检查触点系统，特别是在分断短路电流后，更必须检查，在检查时应注意：

1）断路器必须处于断开位置，进线电源必须切断。

2）用酒精抹净断路器上的烟痕，清理触点毛刺。

3）当触点厚度小于 1mm 时，应更换触点。

（5）当断路器分断短路电流或长期使用后，均应清理灭弧罩两壁烟痕及金属颗粒。若采用的是陶瓷灭弧室，灭弧栅片烧损严重或灭弧罩碎裂，不允许再使用，必须立即更换，以免发生不应有的事故。

（6）定期检查各种脱扣器的电流整定值和延时。特别是半导体脱扣器，更应定期用试验按钮检查其动作情况。

（7）有双金属片式脱扣器的断路器，当使用场所的环境温度

高于其整定温度，一般宜降容使用；若脱扣器的工作电流与整定电流不符，应当在专门的检验设备上重新调整后才能使用。

（8）有双金属片式脱扣器的断路器，因过负荷而分断后，不能立即"再扣"，需冷却1～3min，待双金属片复位后，才能重新"再扣"。

（9）定期检修应在不带电的情况下进行。

4. 断路器的检修

拆除端盖螺钉，取出端盖，拿下手柄、灭弧栅，拿下底座保护盖，拆除螺钉，取出内部机构，如图2-6所示。

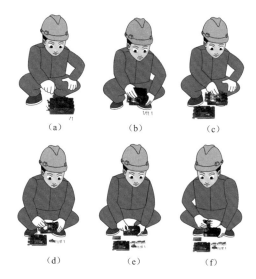

图2-6　断路器的拆卸

（a）拆除端盖螺钉；（b）取出端盖；（c）拿下手柄；（d）取出灭弧栅；
（e）拿下底座保护盖，拆除螺钉；（f）取出内部机构

2.1.4　接触器

1. 接触器的结构

接触器主要由电磁系统、触头系统、灭弧装置及辅助部件等组成。CJT1-20型接触器的结构如图2-7所示。

2. 接触器的选择

由于接触器的安装场所与控制的负载不同，其操作条件与工

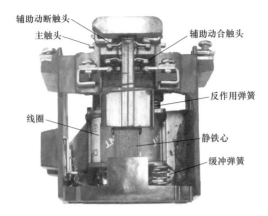

辅助动断触头
主触头
辅助动合触头
反作用弹簧
线圈
静铁心
缓冲弹簧

图 2-7　CJT1-20 型接触器的结构

作的繁重程度也不同。因此，必须对控制负载的工作情况以及接触器本身的性能有一个较全面的了解，力求经济合理、正确地选用接触器。也就是说，在选用接触器时，因铭牌上只规定了某一条件下的电流、电压、控制功率等参数，而具体的条件又是多种多样的，因此，不仅要考虑接触器的铭牌数据，还应注意以下几点。

（1）选择接触器的类型。接触器的类型应根据电路中负载电流的种类来选择。也就是说，交流负载应使用交流接触器，直流负载应使用直流接触器。若整个控制系统中主要是交流负载，而直流负载的容量较小，也可全部使用交流接触器，但触点的额定电流应适当大些。

（2）选择接触器主触点的额定电流。接触器的额定工作电流应不小于被控电路的最大工作电流。

（3）选择接触器主触点的额定电压。接触器的额定工作电压应不小于被控电路的最大工作电压。

（4）接触器的额定通断能力应大于通断时电路中的实际电流值；耐受过载电流能力应大于电路中最大工作过载电流值。

（5）应根据系统控制要求确定主触点和辅助触点的数量和类型，同时要注意其通断能力和其他额定参数。

（6）如果接触器用来控制电动机的频繁启动、正反转或反接制动时，应将接触器的主触头额定电流降低使用，通常可降低一

个电流等级。

3. 接触器的使用和维护

接触器经过一段时间使用后，应进行维修。维修时，首先应先断开主电路和控制电路的电源，再进行维护。

（1）应定期检查接触器外观是否完好，绝缘部件有无破损、脏污现象。

（2）定期检查接触器螺钉是否松动，可动部分是否灵活可靠。

（3）检查灭弧罩有无松动、破损现象，灭弧罩往往较脆，拆装时注意不要碰坏。

（4）检查主触头、辅助触头及各连接点有无过热烧、烧蚀现象，发现问题及时修复。当触头磨损到 1/3 时，应更换。

（5）检查铁心极面有无变形、松开现象，交流接触器的短路环是否破裂，直流接触器的铁心非磁性垫片是否完好。

4. 接触器的检修

拆除底座螺钉，拿下底座，取出下铁心及缓冲弹簧，取出反作用弹簧。拿下端盖，取出主触头，如图 2-8 所示。

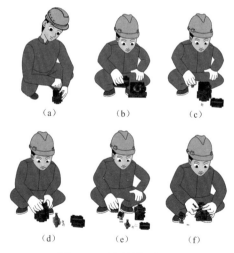

（a）   （b）   （c）

（d）   （e）   （f）

图 2-8　接触器的拆卸

（a）拆除底座螺钉；（b）拿下底座；（c）取出下铁心；（d）取出线圈；

（e）拆除端螺钉，拿下端盖；（f）取出主触头

2.1.5 时间继电器

1. 时间继电器的结构

常用的时间继电器有电磁式、电动式、空气阻尼式和晶体管式等。空气阻尼式又称气囊式时间继电器，是目前电力拖动系统应用最多的时间继电器。

JS7-4A 型时间继电器结构如图 2-9 所示。主要由电磁系统、触头系统、空气室、传动机构和基座组成。

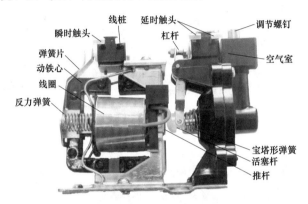

图 2-9　JS7-4A 系列时间继电器结构

2. 时间继电器的选择

（1）根据系统的延时范围和精度选择时间继电器的类型和系列。在延时要求不高的场合，可以选用价格低的 JS7-A 系列时间继电器。反之，在精度要求较高的场合，可选用晶体管时间继电器。

（2）根据控制电路的要求选择时间继电器的延时方式（通电延时或断电延时）。同时，还必须考虑电路对瞬时动作触头的要求。

（3）根据控制电路电压选择时间继电器线圈电压。

3. 时间继电器的检修

拆下底座固定螺栓，拿下底座；拆下瞬时触头固定螺栓，拿下瞬时触头座；拆卸线圈固定螺栓，拿下铁心和线圈；拆下气囊

固定螺栓，拿下气囊，如图 2 - 10 所示。

(a)   (b)   (c)   (d)

(e)   (f)   (g)   (h)

(i)   (j)   (k)   (l)

图 2 - 10　JS7 - 4A 系列时间继电器拆卸步骤

(a) 拆除底座螺钉；(b) 拆除底座；(c) 拆除线圈紧固螺钉；(d) 拆除线圈机构；
(e) 拆除瞬时触头座螺钉；(f) 拆除瞬时触头座；(g) 拆除铁心；(h) 拆除线圈
支架螺钉；(i) 拆除线圈；(j) 拆除气囊前紧固螺钉；
(k) 拆除气囊后紧固螺钉；(l) 拆除气囊

2.1.6　按钮

1. 按钮的结构

按钮主要由按钮帽、杠杆、动合触头组、动断触头组、反力弹簧组成，LA18 型按钮的结构如图 2 - 11 所示。

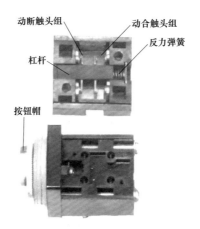

动断触头组　　　　　动合触头组

反力弹簧

杠杆

按钮帽

图 2-11　LA18 型按钮的结构

2. 按钮的选择

（1）应根据使用场合和具体用途选择按钮的类型。例如，控制台柜面板上的按钮一般可用开启式；若需显示工作状态，则带指示灯式；在重要场所，为防止无关人员误操作，一般用钥匙式；在有腐蚀的场所一般用防腐式。防爆场所选防爆按钮、防爆操作柱。

（2）应根据工作状态指标和工作情况的要求选择按钮和指示灯的颜色。如停止或分断用红色；启动或接通用绿色；应急或干预用黄色。

（3）应根据控制回路的需要选择按钮的数量。例如，需要作"正（向前）"、"反（向后）"及"停"三种控制处，可用三只按钮，并装在同一按钮盒内；只需作"启动"及"停止"控制时，则用两只按钮，并装在同一按钮盒内。

3. 按钮的使用和维护

（1）按钮应安装牢固，接线应正确。通常红色按钮作停止用，绿色或黑色表示启动或通电。

（2）应经常检查按钮，及时清除它上面的尘垢，必要时采取密封措施。

（3）若发现按钮接触不良，应查明原因；若发生触头表面有

损伤或尘垢，应及时修复或清除。

（4）用于高温场合的按钮，因塑料受热易老化变形，而导致按钮松动，为防止因接线螺钉相碰而发生短路故障，应根据情况，在安装时增设紧固圈或给接线螺钉套上绝缘管。

（5）带指示灯的按钮，一般不宜用于通电时间较长的场合，以免塑料件受热变形，造成更换灯泡困难。若欲使用，可降低灯泡电压，以延长使用寿命。

（6）安装按钮的按钮板或盒，应采用金属材料制成的，并与机械总接地线母线相连，悬挂式按钮应有专用接地线。

4. 按钮的检修

拆除按钮帽固定螺栓，拿下按钮帽；拆除横向固定螺栓，将主体分开；取出杠杆和反力弹簧；最后取出挡片，如图 2-12 所示。

图 2-12　按钮的拆卸

（a）拆除按钮帽固定螺栓；（b）拿下按钮帽；（c）拆除横向固定螺栓；
（d）将主体分开；（e）取出杠杆及反力弹簧；（f）取出挡片

2.1.7　行程开关

1. 行程开关的结构

行程开关主要由顶杆、动合触头、动断触头、接触桥、接线座、反作用弹簧组成，JLXK‑311型行程开关的结构如图2‑13所示。

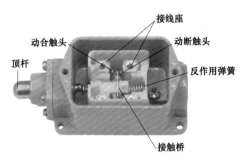

图2‑13 JLXK‑311型行程开关的结构

2. 行程开关的选择

（1）根据使用场合和控制对象来确定行程开关的种类。当生产机械运动速度不是太快时，通常选用一般用途的行程开关；而当生产机械行程通过的路径不宜装设直动式行程开关时，应选用凸轮轴转动式的行程开关；而在工作效率很高、对可靠性及精度要求也很高时，应选用接近开关。

（2）根据使用环境条件，选择开启式或保护式等防护形式。

（3）根据控制电路的电压和电流选择系列。

（4）根据生产机械的运动特征，选择行程开关的结构形式（操作方式）。

3. 行程开关的使用和维护

（1）行程开关安装时，应注意滚轮的方向，不能接反。与挡铁碰撞的位置应符合控制电路的要求，并确保能与挡铁可靠碰撞。

（2）应经常检查行程开关的动作是否灵活或可靠，螺钉有无松动现象，发现故障要及时排除。

（3）应定期清理行程开关的触头，清除油垢或尘垢，及时更换磨损的零部件，以免发生误动作而引起事故的发生。

4. 行程开关的检修

拆下上盖螺栓，拿下上盖；拆下端盖螺栓，拿下顶杆；用螺

丝刀向里推，取出接触桥；最后拆下触头螺母，如图 2 - 14 所示。

（a）　　　　　　（b）　　　　　　（c）

（d）　　　　　　（e）　　　　　　（f）

图 2 - 14　行程开关的拆卸

（a）拆下上盖螺栓；（b）拿下上盖；（c）拆下端盖螺栓；

（d）拿下顶杆；（e）取出接触桥；（f）拆下触头螺母

2.2　保　护　电　器

2.2.1　熔断器

1. 熔断器的结构

熔断器主要由熔体、安装熔体的熔管（或盖、座）、触点和绝缘底板等组成。RL1 系列螺旋式熔断器的结构如图 2 - 15 所示。

2. 一般熔断器的选择

（1）熔断器类型的选择。熔断器主要根据负载的情况和电路短路电流的大小来选择类型。例如，对于容量较小的照明线路或电动机的保护，宜采用 RC1A 系列插入式熔断器或 RM10 系列无填料密闭管式熔断器；对于短路电流较大的电路或有易燃气体的场合，宜采用具有高分断能力的 RL 系列螺旋式熔断器或 RT（包括 NT）系列有填料封闭管式熔断器；对于保护硅整流器件及晶闸管的场合，应采用快速熔断器。

熔断器的形式也要考虑使用环境。例如，管式熔断器常用于大型设备及容量较大的变电场合；插入式熔断器常用于无振动的场合；螺旋式熔断器多用于机床配电；电子设备一般采用熔丝座。

图 2-15　RL1 系列螺旋式
熔断器结构

（2）熔体额定电流的选择。

1）对于照明电路和电热设备等电阻性负载，因为其负载电流比较稳定，可用作过载保护和短路保护，所以熔体的额定电流（I_{rn}）应等于或稍大于负载的额定电流 I_{fn}，即

$$I_{rn} = 1.1I_{fn} \tag{2-5}$$

式中　I_{rn}——熔体的额定电流（A）；

　　　I_{fn}——负载的额定电流（A）。

2）电动机的启动电流很大，因此对电动机只宜作短路保护，对于保护长期工作的单台电动机，考虑到电动机启动时熔体不能熔断，即

$$I_{rn} \geqslant (1.5 \sim 2.5)I_{fn} \tag{2-6}$$

式中，轻载启动或启动时间较短时，系数可取近 1.5；带重载启动、启动时间较长或启动较频繁时，系数可取近 2.5。

3）对于保护多台电动机的熔断器，考虑到在出现尖峰电流时不熔断熔体，熔体的额定电流应等于或大于最大一台电动机的额定电流的 1.5～2.5 倍，加上同时使用的其余电动机的额定电流之和，即

$$I_{rn} \geqslant (1.5 \sim 2.5)I_{fnmax} + \sum I_{fn} \tag{2-7}$$

式中　I_{rn}——熔体的额定电流（A）；

　　　I_{fnmax}——多台电动机中容量最大的一台电动机的额定电流；

　　　$\sum I_{fn}$——其余各台电动机额定电流之和。

这里必须说明的是，由于电动机负载情况不同，其启动情况也各不相同，因此，上述系数只作为确定熔体额定电流时的参考数据，精确数据需在实践中根据使用情况确定。

（3）熔断器额定电压的选择。熔断器的额定电压应等于或大于所在电路的额定电压。

3. 熔断器的使用和维护

（1）熔体烧断后，应先查明原因，排除故障。分清熔断器是在过载电流下熔断，还是在分断极限电流下熔断。一般在过载电流下熔断时响声不大，熔体仅在一两处熔断，且管壁没有大量熔体蒸发物附着和烧焦现象；而分断极限电流熔断时与上面情况相反。

（2）更换熔体时，必须选用原规格的熔体，不得用其他规格熔体代替，也不能用多根熔体代替一根较大熔体，更不准用细铜丝或铁丝来替代，以免发生重大事故。

（3）更换熔体（或熔管）时，一定要先切断电源，将开关断开，不要带电操作，以免触电，尤其不得在负载未断开时带电更换熔体，以免电弧烧伤。

（4）熔断器的插入和拔出应使用绝缘手套等防护工具，不准用手直接操作或使用不适当的工具，以免发生危险。

（5）更换无填料密闭管式熔断器熔片时，应先查明熔片规格，并清理管内壁污垢后再安装新熔片，且要拧紧两头端盖。

（6）更换瓷插式熔断器熔丝时，熔丝应沿螺钉顺时针方向弯曲一圈，压在垫圈下拧紧，力度应适当。

（7）更换熔体前，应先清除接触面上的污垢，再装上熔体。且不得使熔体发生机械损伤，以免因熔体截面变小而发生误动作。

（8）运行中如有两相断相，更换熔断器时应同时更换三相。因为没有熔断的那相熔断器实际上已经受到损害，若不及时更换，很快也会断相。

4. 熔断器的检修

旋下磁帽，取出熔断管，如图2-16所示。

(a)   (b)

图 2-16 RL1 系列螺旋式熔断器的拆卸

(a) 旋下磁帽；(b) 取出熔断管

2.2.2 **热继电器**

1. 热继电器的结构

热继电器是热过载继电器的简称，主要由热元件、动作机构、触头系统、电流整定装置、复位机构和温度补偿装置组成，JR36-20 型热继电器的结构如图 2-17 所示。

复位按钮
调节凸轮
压簧
补偿双金属片
动断静触头
动断动触头
动合静触头
接头
弓簧
主双金属片
内导板
外导板

图 2-17 JR36-20 型热继电器的结构

2. 热继电器的选用

热继电器选用是否得当，直接影响着对电动机进行过载保护的可靠性。通常选用时应按电动机型式、工作环境、启动情况及负载情况等几方面综合加以考虑。

（1）原则上热继电器（热元件）的额定电流等级一般略大于电动机的额定电流。热继电器选定后，再根据电动机的额定电流调整热继电器的整定电流，使整定电流与电动机的额定电流相等。对于过载能力较差的电动机，所选的热继电器的额定电流应适当小一些，并且将整定电流调到电动机额定电流的 60%～80%。当电动机因带负载启动而启动时间较长或电动机的负载是冲击性的负载（如冲床等）时，则热继电器的整定电流应稍大于电动机的额定电流。

（2）一般情况下可选用两相结构的热继电器。对于电网电压均衡性较差、无人看管的电动机或与大容量电动机共用一组熔断器的电动机，宜选用三相结构的热继电器。定子三相绕组为三角形联结的电动机，应采用有断相保护的三元件热继电器做过载和断相保护。

（3）热继电器的工作环境温度与被保护设备的环境温度的差别不应超出 15～25℃。

（4）对于工作时间较短、间歇时间较长的电动机（如摇臂钻床的摇臂升降电动机等），以及虽然长期工作，但过载可能性很小的电动机（如排风机电动机等），可以不设过载保护。

（5）双金属片式热继电器一般用于轻载、不频繁启动电动机的过载保护。对于重载、频繁启动的电动机，则可用过电流继电器（延时动作型的）作它的过载和短路保护。因为热元件受热变形需要时间，故热继电器不能作短路保护。

3. 热继电器的使用和维护

（1）运行前，应检查接线和螺钉是否牢固可靠，动作机构是否灵活、正常。

（2）运行前，还要检查其整定电流是否符合要求。

（3）使用中，应定期清除污垢。双金属片上的斑可用布蘸汽油轻轻擦拭。

（4）应定期检查热继电器的零部件是否完好、有无松动和损坏现象，可动部分有无卡碰现象等。发现问题及时修复。

（5）应定期清除触头表面的锈斑和毛刺，若触头磨损至其厚度的 1/3 时，应及时更换。

（6）热继电器的整定电流应与电动机的情况相适应，若发现其经常提前动作，可适当提高整定值；若发现电动机温升较高，而热继电器动作滞后，则应适当降低整值。

（7）若热继电器动作后，必须对电动机和设备状况进行检查，为防止热继电器再次脱扣，一般采用手动复位。若其动作原因是电动机过载所致，应采用自动复位。

（8）对于易发生过载的场合，一般采用自动复位。

（9）应定期校验热继电器的动作特性。

3

三相异步电动机控制与维修

3.1 三相异步电动机基本知识

3.1.1 三相异步电动机结构与工作原理

1. 基本类型

（1）按转子结构不同，可分为笼型和绕线型两种；笼型又可分为普通笼型、双笼型和深槽笼型三种。

（2）按防护方式，可分为开启式、防护式、封闭式和防爆式等。

（3）按基座底脚平面至中心高度不同，可分为大型、中型、小型三种；小型电动机中心高 80～315mm，中型中心高 355～630mm，大型中心高 630mm 以上。

（4）按安装结构型式，一般分为卧式和立式两种。

（5）按冷却方式，可分为自冷式、自扇冷式、他扇冷式和普道通风式等。

（6）按绝缘等级，可分为 A 级、E 级、B 级、F 级、H 级等。

2. 基本结构

YB 系列笼型三相异步电动机基本结构如图 3-1 所示。

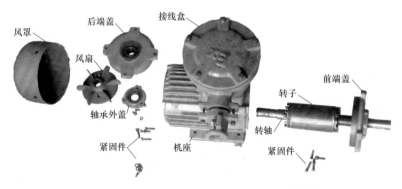

图 3-1　YB 系列笼型三相异步电动机基本结构

交流异步电动机主要由定子、转子两部分组成。

（1）定子。定子主要由铁心、定子绕组、机座组成。机壳和底部一般用铸铁铸在一起，是定子铁心的固定件，它的两端固定的端盖是转子的支撑件。端盖和轴承盖也由铸铁制成。定子铁芯是电动机磁路的一部分，用 0.35～0.5mm 厚的硅钢片冲叠而成，硅钢片间涂有绝缘漆，以减少涡流损耗。

定子绕组嵌放在定子铁心槽内，用以产生旋转磁场。

（2）转子。转子主要由转子铁心、转子绕组、转轴组成。异步电动机转子铁心由 0.35～0.5mm 厚的硅钢片冲叠而成，槽内嵌放导体，导条由铸铝条、裸铜条制成时，这种转子称为笼型转子；导条由带绝缘的导条按一定规律连接并通过集电环、电阻器等短接时，这种转子称为绕线型转子。

3. 工作原理

异步电动机的定子有三相绕组 U、V、W，转子有一闭合绕组。当定子三相绕组通以三相电流时，在气隙中便产生旋转磁场，其转速可用公式表示为

$$n_1 = \frac{60 f_1}{p} \tag{3-1}$$

式中　n_1——同步转速（r/min）；

f_1——电流频率（Hz）；

p——定子绕组的极对数。

由于旋转磁场与转子绕组存在着相对运动，旋转磁场切割转子绕组，转子绕组中便产生感应电动势。因为转子绕组自成闭合回路，所以就有感应电流通过。转子绕组感应电动势的方向由右手定则确定，若略去转子绕组电抗，则感应电动势的方向即是感应电流的方向。转子绕组中的感应电流与旋转磁场相互作用，在转子上产生电磁力 F，如图 3-2 所示。电磁力的方向按左手定则判定。

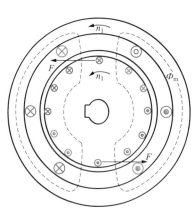

图 3-2　三相异步电动机的工作原理

电磁力所形成的电磁转矩驱动转子沿着旋转磁场的方向转动。

3.1.2 三相异步电动机的控制

1. 三相笼型异步电动机的启动

（1）直接启动。图3-3是单向直接启动主电路实物图。在电源容量足够大，电动机容量又不太大，启动电流不致引起电网电压的明显变化时，电动机可直接启动。其原则是：电网电压变化不超过额定电压的 $10\% \sim 15\%$，有时用下面的经验公式来判断电源容量能否允许电动机直接启动

$$\frac{I_q}{I_e} \leqslant \frac{3}{4} + \frac{P_s}{4P_e} \tag{3-2}$$

式中　I_q——电动机启动电流（A）；

　　　I_e——电动机的额定电流（A）；

　　　P_s——电源变压器容量（kVA）；

　　　P_e——电动机额定功率（kW）。

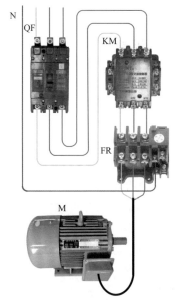

图3-3　单向直接启动电路实物图

（2）降压启动。对不具备直接启动条件的电动机应进行降压启

动。常用的方法有：电抗（阻）器启动；自耦补偿启动；星形—三角形启动和延边三角形启动等。

1）定子串接电抗器启动。图3-4是单向串电抗器启动主电路实物图，电动机启动时，KM2断开，将电抗器串入电路，降压启动，启动完毕，KM2闭合，将电抗器退出电路。

定子串接电抗后，启动电流及启动转矩均减小。

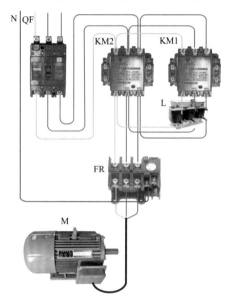

图3-4 单向定子串接电抗器启动实物图

2）自耦补偿启动。图3-5是自耦补偿启动实物图，电动机启动时，KM1闭合将变压器投入电路，启动完毕，KM1断开自耦变压器退出电路。自耦变压器通常有两个抽头（一般可使电源电压降至80％和65％）；可根据启动转矩选用。

当自耦变压器接到"80％"抽头时，电动机启动电压减少至额定的80％，而此时线路上的启动电流也减小到直接启动时的 0.8^2，即64％补偿效果明显。

3）星形—三角形（Y—△）启动。图3-6是Y—△启动实物图，电动机启动时 KM1、KM3 将电动机接成星形，启动完毕 KM1、KM2 再换成三角形。

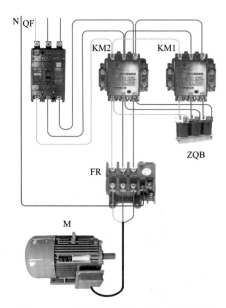

图 3-5 自耦变压器降压启动实物图

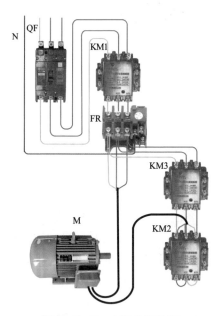

图 3-6 Y—△启动实物图

采用此种方法启动时，启动电压降到$1/\sqrt{3}$额定值，而启动电流降低到1/3额定值，启动转矩也降低到1/3额定值。

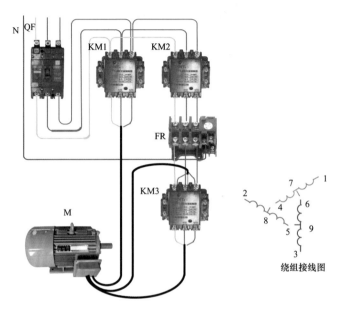

图3-7　延边三角形降压启动电路实物图

图3-7是延边三角形启动实物图，电动机启动时接触器KM1将绕组1、2、3端头与电源L1、L2、L3接通，KM3将绕组5、4、6与7、8、9接通，电动机接成延边△降压启动，经过一定时间后，KM3断开、KM2闭合，将电动机接成△运行。采用这种方法启动，电动机定子绕组必须有九个抽头，即每相绕组中有一部分接成三角形，好像把一个三角形的三个边延长了，所以叫延边三角形。

启动时绕组电压的大小，决定于绕组抽头的比例，抽头有1：1、1：2、1：3等，当采用1：1抽头时，启动时电压为0.71倍额定电压，启动电流为0.5倍的全压启动电流，启动转矩为0.5倍的全压启动转矩。

2. 三相绕线式异步电动机的启动

（1）转子回路串入电阻启动。图3-8是转子串电阻启动实物

54

图，启动时串入全部电阻，而在加速过程中 KM1、KM2 依次吸合逐段切除电阻，最后通过接触器触点将转子绕组短接。串入的电阻级数越多，启动越平稳，这种方法普遍应用于桥式吊车、卷扬机及起重设备等。

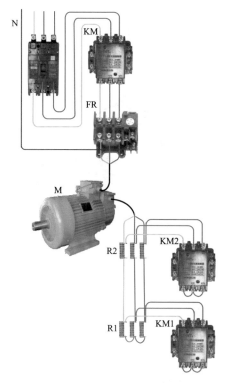

图 3 - 8　转子串电阻启动电路实物图

（2）转子回路串入频敏变阻器启动。图 3 - 9 是转子串入频敏变阻器启动实物图，启动时转子回路串入频敏变阻器利用它对频率的敏感而自动进行变阻，所以能实现电动机无级平稳启动，但频敏电阻器的功率因数较低，启动转矩也只能得到最大转矩的 50％～60％，所以一般只适用于轻载启动或启动不频繁的设备上。

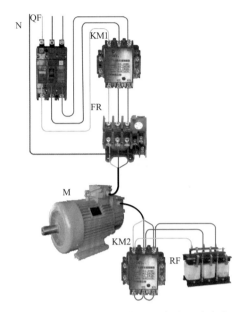

图 3-9 转子串频敏变阻器启动电路实物

3. 三相异步电动机的制动

在电动机轴上施加一个与转向相反的制动转矩,以使电动机停转或从高速运行降低到低速运行的操作,称为制动。制动的方法有机械的方法也有电力的方法。电力制动就是使电动机产生与旋转方向相反的电磁转矩,以阻止电动机的转动,主要有反接制动、能耗制动和发电制动三种。

(1)反接制动。反接制动是使电动机的旋转方向与旋转磁场方向相反,电磁转矩对于转子的旋转起制动作用。反接制动分为电源反接制动和负载倒拉反接制动。

1)电源反接制动。图 3-10 是单向运转反接制动电路实物图,启动时 KM1 吸合,电动机接入正序电源,停止时 KM2 吸合,电动机接入反向电源相序,使它产生的旋转磁场的方向与转子转动方向相反,从而起到制动作用。

反接制动时转差率 $S>1$,这是由于此时同步转速与原方向相反所致。采用反接制动时应当注意,当电动机转速降到零时要迅

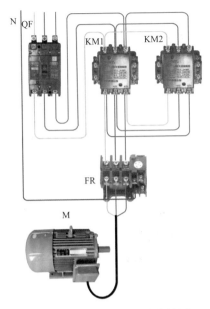

图 3 - 10 反接制动电路实物图

速切断电源，以免电动机反转。

2）负载倒拉反接制动。负载倒拉反接制动是保持电源相序不变，但当负载转矩大于电动机的电磁转矩时，电动机被负载拖着反转，从而起到制动作用。要实现电动机的电磁转矩小于负载转矩，其方法是增大绕线式电动机转子回路电阻。

（2）能耗制动。图 3 - 11 是单向运转能耗制动电路实物图。停止时，KM1 失电、KM2 吸合，在定子绕组内通以直流电，产生一个静止磁场，使转子绕组中感应电动势和电流，使电动机减速以至停转。由于这种方法是将转子动能转化为电能并消耗在转子回路的电阻上，所以称为能耗制动。

（3）发电制动。发电制动又称再生回馈制动，即指当电动机的转速超过定子旋转磁场转速时，转子感应电动势及感应电流的方向也随之发生改变，使得电动机进入发电制动状态。

发电制动只适用于电动机转速 n 高于同步转速 n_0 场合，此时由于 $n > n_0$，转差率 S 为负值。

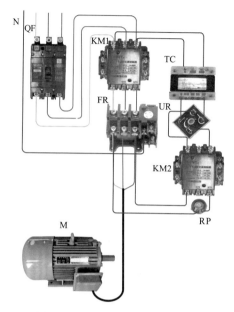

图 3-11　能耗制动电路实物图

3.1.3　铭牌

常见三相异步电动机铭牌如图 3-12 所示。说明如下。

1. 型号

型号是指表示电动机的类型、结构、规格及性能特点的代号。

2. 功率

功率是指电动机按铭牌规定的额定运行方式运行时，轴端上输出的额定机械功率，用字母 P_N 表示。

3. 电压、电流和接法

电压、电流是指额定电压和额定电流。感应电动机的电压、电流和接法三者是相互关联的。

额定电压是指电动机额定运行时，定子绕组应接的线电压，用字母 U_N 表示。

额定电流是指电动机外接额定电压，输出额定功率时，电动机定子的线电流，用字母 I_N 表示。

接法是指三相感应电动机绕组的六根引出线头的接线方法，

接线时必须注意电压、电流、接法三者之间的关系，例如标有电压 220/380V，电流 14.7/8.49，接法△/Y，说明可以接在 220V 和380V 两种电压下使用，220V 时接成△，380V 时接成 Y。

4. 功率因数

功率因数是指电动机在额定功率输出时，定子绕组中相电流和相电压之间相角差的余弦值。

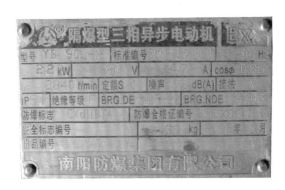

图 3-12　三相异步电动机铭牌

5. 转速

转速是指电动机的额定转速。

6. 工作制（定额）

工作制表示电动机允许的持续运转时间，分为连续、短时、断续三种。

连续表示电动机可以连续不断地输出额定功率，而温升不会超过允许值。

短时表示电动机只能在规定时间内输出额定功率，否则会超过允许温升，短时可分为 10、30、60、90min 四种。

断续表示电动机短时输出额定功率，但可以多次断续重复。负载持续率为 10%、25%、40%、及 60% 四种，以 10min 为一个周期。

7. 标准编号

标准编号是指电动机生产使用的国家标准号。

8. 出厂编号

用出厂编号可以区别每一台电动机，并便于分别记载各台电

动机试验结果和使用情况，用户可根据产品编号到制造厂去查阅技术档案。

3.1.4 三相异步电动机的接线

三相异步电动机定子绕组一般采用星形或三角形两种联结方式，如图 3-13 所示。生产厂家为方便用户改变接线方法，一般电动机接线盒中电动机三相绕组的 6 个端子的排列次序有特定的方式，如图 3-14 所示。

接线的注意事项：

(1) 选择合适的导线截面，按接线图规定的方位，在固定好的电气元器件之间测量所需要的长度，截取长短适当的导线，剥去导线两端绝缘皮，其长度应满足连接需要。为保证导线与端子接触良好，压接时将芯线表面的氧化物去掉，使用多股导线时应将线头绞紧烫锡。

(2) 走线时应尽量避免导线交叉，先将导线校直，把同一走向的导线汇成一束，依次弯向所需要的方向。走线应横平竖直，拐直角弯。做线时要用手将拐角做成 90°的慢弯，导线弯曲半径为导线直径的 3～4 倍，不要用钳子将导线做成死角，以免损伤导线绝缘层及芯线。做好的导线应绑扎成束用非金属线卡卡好。

(3) 将成型好的导线套上写好的线号管，根据接线端子的情况，将芯线弯成圆环或直接压进接线端子。

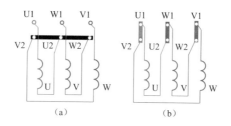

图 3-13　三相异步电动机定子接法

(a) 星形连接；(b) 三角形连接

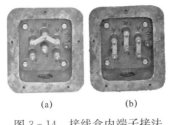

(a)   (b)

图 3-14   接线盒内端子接法

(a) 星形连接；(b) 三角形连接

（4）接线端子应紧固好，必要时装设弹簧垫圈，防止电器动作时因受振动而松脱。

（5）同一接线端子内压接两根以上导线时，可套一支线号管，导线截面不同时，应将截面大的放在下层，截面小的放在上层，所有线号要用不易褪色的墨水，用印刷体书写清楚。

3.2   故障查找

3.2.1   电动机三相绕组的起末端的判断

1. 交流感应法

将万用表打在电压 750V 挡，任意两相绕组按假定头尾串联后接在电压表上，另一相接 36V 电源，如图 3-15 所示，如电压表有读数，说明串联的两相首尾是正确的；如无读数，说明串联的两相头尾接反，调换一相接头重试。

2. 直流点极性法

将万用表打在微安挡后接一相绕组两端，手持接干电池的直流电源，两端碰触一相绕组，如图 3-16 所示。瞬间观察微安表的指针，正偏说明蓄电池正极所接线头与万用表正接线柱所接线头同极性，反偏则为反极性。

3.2.2   电动机三相绕组接地故障的判断

1. 电笔法

先将电动机绕组通入 220V 交流电，用电笔测试电机外壳，氖

~220V

图 3 - 15　交流感应法查找起末头

图 3 - 16　直流点极性法查找起末头

灯发光说明电动机绕组接地，如图 3 - 17 所示；打开引线（极相组），同样通入 220V 交流电，用电笔测试电机外壳，氖灯发光的即为接地（相）极相组；最后打开组内连线，同样方法确定接地点。

2. 电流法

将 36V 调压电源的零线接在电动机接地端，将万用表打在电流最大挡，分别测量电动机三个接线端子与调压电源"＋"接线柱之间的电流，如图 3 - 18 所示。电流表有读数的一相即为接地相；然后电源相线分别接入接地相的起末头，准确读取此时的电流值，根据比例可计算得到接地点的准确位置。

~220V

图 3 - 17　电笔法查找判断接地

~220V

图 3 - 18　电流法查找接地

3.3 电动机的机械检修

3.3.1 三相交流电动机的拆卸

1. 拆卸风冷装置

用螺丝刀拆除风罩螺钉，取下风罩，如图 3-19（a）所示；取出固定卡簧，用螺丝刀轻轻翘出风叶，如图 3-19（b）所示。拆除轴承室小盖固定螺栓，卸下小盖，如图 3-19（c）所示；拆除后端盖固定螺栓，如图 3-19（d）所示。

2. 拆卸前端盖

用扳子拆除轴承小盖和前端盖固定螺栓，图 3-19（e）所示；将木棒一头插在前端盖缝隙处，用铁锤敲打木棒，如图 3-19（f）所示；待端盖打开缝隙后，将木棒垫在转轴非负荷侧，用手锤敲打木棒，如图 3-19（g）所示；待前端盖脱离定子后，两手将带前端盖的转子抽出，如图 3-19（h）所示。

3. 拆卸后端盖

将木棒一头插在后端盖缝隙处，用铁锤敲打木棒，直至将后端盖打掉，如图 3-19（i）所示。

3.3.2 滚动承轴的检修

1. 拆卸滚动承轴

旋松拉马顶丝，将拉马的三个拉爪拉住轴承外圆，顶丝顶住轴端中心孔，如图 3-20（a）所示。用扳手拧动顶丝，轴承就被缓慢拉出，如图 3-20（b）所示。

2. 轴承清洗方法

（1）用木（竹）片刮除轴承钢珠（球）上的废旧润滑油，如图 3-21（a）所示。

（2）用蘸有洗油的抹布擦去轴承内的残存废润滑油，如图 3-21（b）所示。

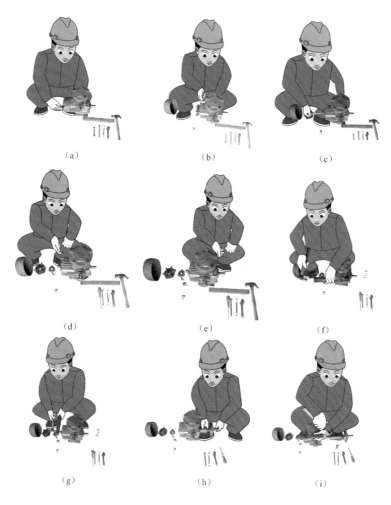

图 3-19 小型三相异步电动机的拆卸

（a）取下风罩；（b）取出固定卡簧，翘出风叶；（c）卸下小盖；（d）拆除后端盖固定螺栓；（e）拆除轴承小盖和前端固定螺栓；（f）用铁锤敲打木棒；（g）垫木棒于转轴非负荷侧并敲打木棒；（h）抽出转子；（i）打掉端盖

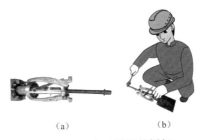

图 3－20　滚动轴承的拆卸

(a) 旋松拉马顶丝；(b) 拉出轴承

（3）将轴承浸泡在洗油盆内，约 30min，用毛刷蘸洗油擦洗轴承，洗净为止，如图 3－21（c）所示。

（4）换掉洗油，更换新洗油，再清洗一遍，力求清洁，如图 3－21（d）所示。最后将洗净的转轴放在干净的纸上，置于通风场合，吹散洗油。

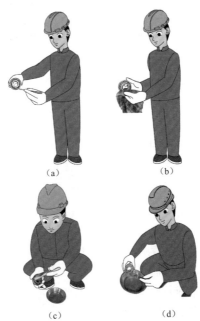

图 3－21　轴承的清洗

(a) 用木片刮去轴承钢珠上的废旧润滑油；(b) 用抹布擦去轴承内的残存废润滑油；

(c) 用毛刷蘸洗油擦洗轴承；(d) 更换洗油，再度清洗

3. 轴承加油方法

（1）用木（竹）片挑取润滑油，刮入轴承盖内，用量约占油腔的 60%～70% 即可。

（2）仍用木（竹）片刮取润滑油，将轴承的一侧填满，用手刮抹润滑油，使其与能封住钢珠（球），如图 3-22（a）所示。多余的润滑油将在轴承另一侧溢出，如图 3-22（b）所示，用手在另一侧刮除润滑油，使其封住另一侧钢珠（球）。

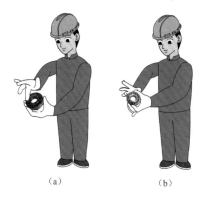

（a）   （b）

图 3-22 轴承的加油方法

（a）挑取润滑油刮入轴承盖内；（b）刮取另一侧润滑油以封住另侧钢珠

4. 轴承的安装

（1）热装法。通过对轴承加热，使其膨胀，待里圈内径变大后，套在轴的轴承挡处。冷却后，轴承内径变小，从而与轴形成紧密配合。轴承加热温度应控制在 80～100℃，加热时间视轴承大小而定，一般 5～10min。加热方法有油煮法、工频涡流加热法、烘箱加热三种。

（2）冷装法。一种是用套筒敲击的方法：选一段内径略大于轴承内径、厚度略超过轴承内圈厚度、长度大于轴承外端面到轴伸端面距离的无缝钢管，将其内圆磨光，一端焊上一块铁板或塞上一个蘑菇头状的铁块抵在轴承内圈上，用锤子击打套筒顶部将轴承推到预定位置，如图 3-23（a）所示；另一种是用木（铜）棒敲击的方法；将木（铜）棒沿圆周一上一下、一左一右的对称点击打如图 3-23（b）所示。

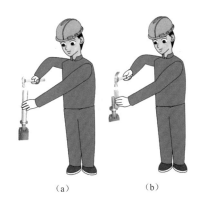

(a)   (b)

图 3 - 23　轴承冷装方法

（a）用套筒安装滚动轴承；（b）用木（铜）棒安装滚动轴承

3.4　常用笼型异步电动机控制电路识图

3.4.1　启动控制电路

1. 点动单向启动控制电路（见图 3 - 24）

工作原理：合上断路器 QF，按下启动按钮 SB，接触器 KM 线圈得电，主触点 KM 闭合，电动机启动运行；松开按钮 SB，接触器 KM 线圈失电，主触点 KM 断开，电动机停转。

2. 停止优先的单向直接启动电路（见图 3 - 25）

工作原理：合上断路器 QF，按下启动按钮 SB1，接触器 KM 线圈得电，其动合辅助触点闭合，用于自保（以下简称得电吸合并自保），主触点 KM 闭合，电动机启动运行，停车时按下停车按钮 SB2，接触器 KM 的线圈失电，主触点 KM 断开，电动机停转。

控制电路中由于加入了 KM 的动合触点，因此即使松开 SB1，KM 的线圈仍然有电，把 KM 的这对动合触点称为自保触点。由于两个按钮同时按下时，电动机不能启动，因此称为停止优先的单向直接启动电路。

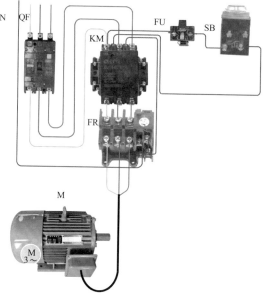

图 3-24　单向点动启动控制电路

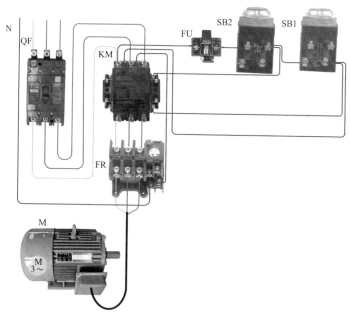

图 3-25　停止优先的单向直接启动电路

3. 启动优先的正转启动电路（见图 3 - 26）

工作原理：合上断路器 QF，按下启动按钮 SB1，接触器 KM 得电吸合并自保，主触点 KM 闭合，电动机启动运行，停机时按下停止按钮 SB2，接触器 KM 线圈失电，主触点 KM 断开，电动机停转。

控制电路中，停止按钮 SB2 串接在自保回路中，这样两个按钮同时按下时，电动机能正常启动，因此称为启动优先的正转启动电路。

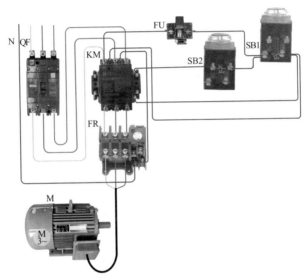

图 3 - 26　启动优先的正转启动电路

4. 带指示灯的自保功能的正转启动电路（见图 3 - 27）

工作原理：合上断路器 QF，指示灯 HLG 亮。按下 SB1，接触器 KM 得电吸合并自保，主触点 KM 闭合，电动机启动运行，其动合辅助触点闭合，一对用于自保，一对接通指示灯 HLR，HLR 亮，KM 的动断触点断开，HLG 灭。停机时按下 SB2，接触器 KM 失电释放，主触点 KM 断开，电动机停转。这时 KM 的动断触点复位，指示灯 HLG 亮，HLR 灭。

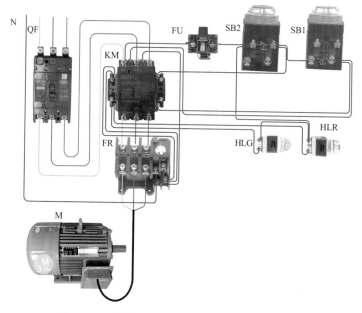

图 3 - 27　带指示灯的自保功能的正转启动电路

5. 接触器连锁正反转启动电路（见图 3 - 28）

工作原理：合上断路器 QF，正转时按下 SB1，接触器 KM1 得电吸合并自保，主触点 KM1 闭合，电动机正转启动，其动断辅助触点 KM1 断开，使 KM2 线圈不能得电，实现连锁。

反转时，按下 SB2，KM2 动断触点先断开 KM1 回路，KM2 的动合触点闭合，接触器 KM2 的得电吸合并自保，主触点 KM2 闭合，电动机反转。

停机时按下 SB3，接触器 KM1 或 KM2 失电，电动机停止。

6. 按钮连锁正反转启动电路（见图 3 - 29）

工作原理：合上断路器 QF，正转时按下 SB1，SB1 的动断触点先断开 KM2 线圈回路，实现连锁，然后动合触点接通，接触器 KM1 得电吸合并自保，主触点 KM1 闭合，电动机正转运行。反转时，按下 SB2，SB2 动断触点先断开 KM2 线圈回路，然后接触器 KM2 得电吸合并自保，主触点 KM2 闭合，电动机反转。

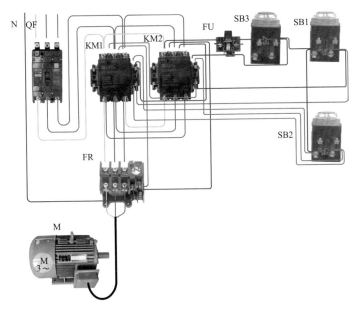

图 3-28　接触器连锁正反转启动电路

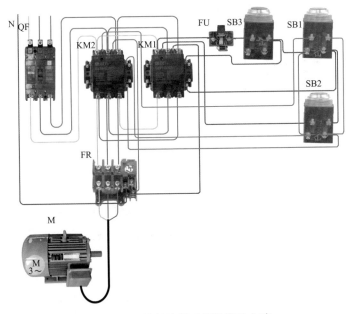

图 3-29　按钮连锁正反转启动电路

7. 按钮和接触器双重连锁正反转启动电路（见图 3 - 30）

工作原理：合上断路器 QF，正转时按下 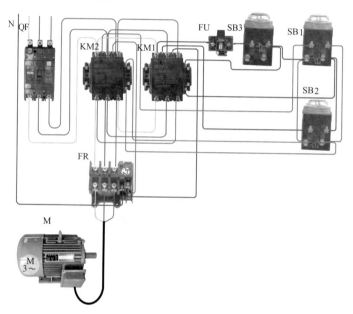 SB1，SB1 的动断触点先断开 KM2 线圈回路，然后动合触点接通，接触器 KM1 得电吸合并自保，主触点 KM1 闭合，电动机正转运行，接触器 KM1 的动断触点断开 KM2 线圈回路，使 KM2 线圈不能得电。

反转的过程与此相同。

图 3 - 30　按钮和接触器双重连锁正反转启动电路

8. 定子回路串入电阻手动降压启动电路（见图 3 - 31）

工作原理：合上断路器 QF，按下 SB1，接触器 KM1 得电吸合并自保，主触点 KM1 闭合，电动机降压启动，经过一段时间后，按下 SB2，KM2 得电吸合并自保，主触点闭合，短接电阻 R，电动机全压运行。

9. 定子回路串入电抗器自动降压启动电路（见图 3 - 32）

工作原理：合上断路器 QF，按下 SB1，接触器 KM1 得电吸合并自保，主触点 KM1 闭合，电动机降压启动，同时时间

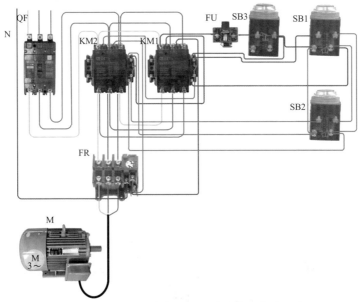

图 3-31　定子回路串入电阻手动降压启动电路

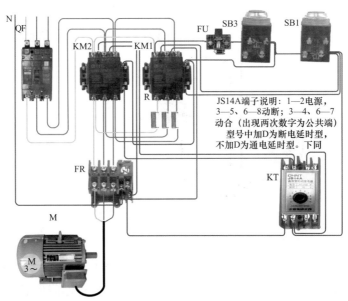

JS14A端子说明：1—2电源，
3—5、6—8断断；3—4、6—7
动合（出现两次数字为公共端）
型号中加D为断电延时型，
不加D为通电延时型。下同

图 3-32　定子回路串入电抗器自动降压启动电路

继电器 KT 开始计时，经过一段时间后，其延时动合触点闭合，KM2 得电吸合并自保，主触点闭合，短接电阻 R，电动机全压运行。

10. 定子回路串入电抗器手动降压启动电路（参见图 3 - 31）

与定子回路串入电阻手动降压启动电路工作原理相同。

11. 手动延边△降压启动电路（见图 3 - 33）

工作原理：合上断路器 QF，按下 SB1，接触器 KM1、KM3 得电吸合并通过 KM1 自保，主触点闭合，电动机接成延边△降压启动，经过一定时间后，按下启动按钮 SB2，KM3 失电、KM2 闭合，电动机接成△运行。

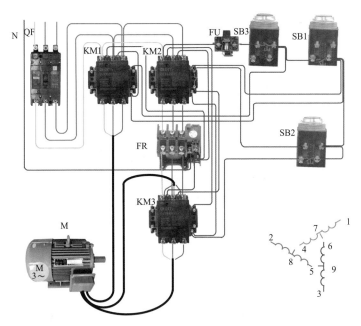

图 3 - 33　手动延边△降压启动电路

12. 自动延边△降压启动电路（见图 3 - 34）

工作原理：合上断路器 QF，按下按钮 SB1，接触器 KM1 得电吸合并自保，KM3 也吸合，电动机接成延边△降压启动。同时时间继电器 KT 开始延时，经过一定时间后，其动断触点断开

KM3 线圈回路，而动合触点接通接触器 KM2 线圈回路，电动机转为△连接，进入正常运行。

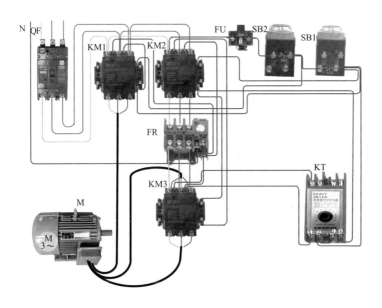

图 3 - 34　自动延边△降压启动电路

13. 阻容复合降压启动电路（见图 3 - 35）

工作原理：合上断路器 QF，按下 SB1，接触器 KM1 得电吸合并自保，电动机降压启动，同时时间继电器 KT 开始计时，经过一段时间后，其动合触点闭合，KM2 得电吸合并自保，电动机全压运行。

14. 手动控制 Y—△降压启动电路（见图 3 - 36）

工作原理：合上断路器 QF，按下启动按钮 SB1，接触器 KM1 和 KM2 得电吸合，并通过 KM1 自保。电动机三相绕组的尾端由 KM2 连接在一起，在星形接法下降压启动。当电动机转速达到一定值时，按下 按钮 SB2，SB2 的动断触点断开，接触器 KM2 失电释放，而其动合触点闭合，KM3 得电吸合并自保，电动机在△接法下全压运行。

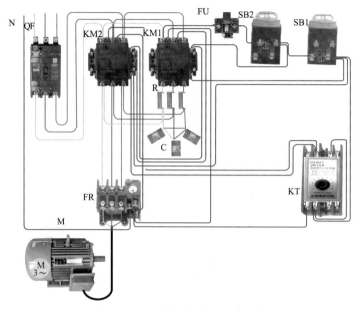

图 3-35　阻容复合降压启动电路

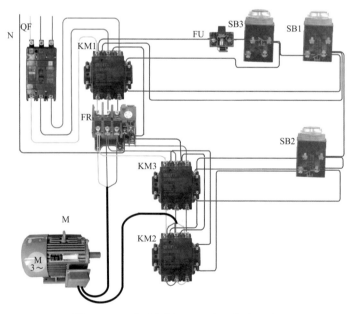

图 3-36　手动控制 Y—△降压启动电路

15. 时间继电器 Y—△降压启动电路（见图 3 - 37）

工作原理：合上断路器 QF，按下按钮 SB1，接触器 KM1 和 KM2 得电吸合并通过 KM1 自保。电动机接成星形降压启动。同时时间继电器 KT 开始延时，经过一定时间，KT 动断触点断开接触器 KM2 回路，而 KT 动合触点接通 KM3 线圈回路，电动机在△接法下全压运行。

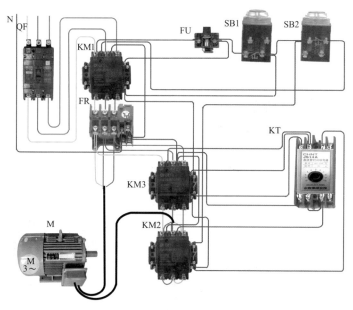

图 3 - 37　时间继电器 Y—△降压启动电路

3.4.2 运行电路

1. 两地单向运行控制电路（见图 3 - 38）

原理分析：合上断路器 QF，按下 SB1（SB2），接触器 KM 得电吸合并自保，电动机启动运行，按下 SB3（SB4），电动机停止。

2. 两台电动机主电路按顺序启动的控制电路（见图 3 - 39）

原理分析：合上断路器 QF，按下 SB1，接触器 KM1 得电吸合并自保，电动机 M1 启动运行。由于 KM2 串接 KM1 下侧，

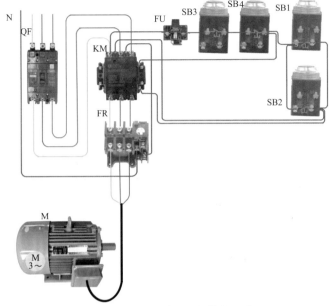

图 3-38 两地单向运行控制电路

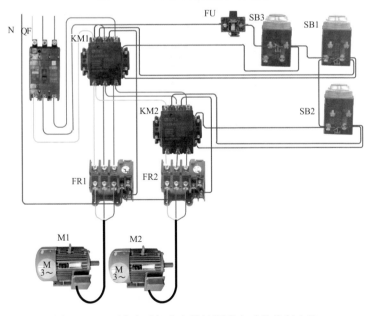

图 3-39 两台电动机主电路按顺序启动的控制电路

所以只有这时再按下 ![SB2] SB2，接触器 KM2 才能得电吸合并自保，电动机 M2 启动运行。按下 ![SB3] SB3，接触器 KM 失电释放，两台电动机同时停止。

3. 两台电动机同时启动、同时停止的控制电路（见图 3-40）

原理分析：合上断路器 QF，按下 ![SB1] SB1，接触器 KM1、KM2 同时得电吸合并自保，电动机 M1、M2 同时启动运行。按下 ![SB2] SB2，接触器 KM1、KM2 同时失电释放，两台电动机同时停止。

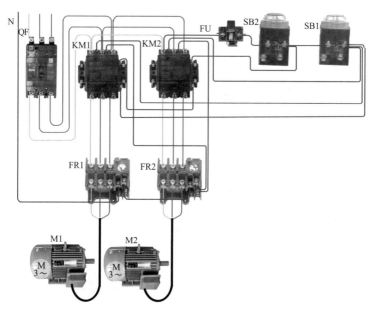

图 3-40　两台电动机同时启动、同时停止的控制电路

4. 两台电动机控制电路按顺序启动的电路（见图 3-41）

原理分析：合上断路器 QF，按下 ![SB1] SB1，接触器 KM1 得电吸合并自保，电动机 M1 启动运行。再按下 ![SB2] SB2，接触器 KM2 得电吸合并自保，电动机 M2 启动运行。按下 ![SB3] SB3 两台电动机同时停止。

5. 两台电动机控制电路按顺序停止的路（见图 3-42）

原理分析：合上断路器 QF，按下 ![SB1] SB1，接触器 KM1 得电吸

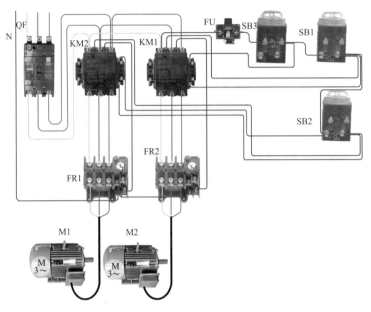

图 3-41　两台电动机控制电路按顺序启动的电路

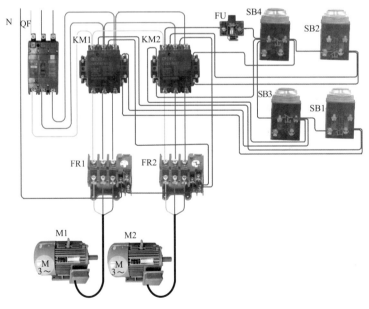

图 3-42　两台电动机控制电路按顺序停止的路

合并自保，电动机 M1 启动运行。再按下 SB2，接触器 KM2 得电吸合并自保，电动机 M2 启动运行。停止时先按下 SB4 电动机 M2 停止，再按下 SB3，电动机 M1 停止。

6. 行程开关限位控制正反转电路 （见图 3 - 43）

原理分析：合上断路器 QF，按下 SB1，接触器 KM1 得电吸合并自保，主触点 KM1 闭合，电动机正转运行，KM1 动断辅助触点断开，使 KM2 线圈不能得电。挡铁碰触行程开关 SQ1 时电动机停转。中途需要反转时，先按下 SB3，再按 SB2。反向作用原理相同。

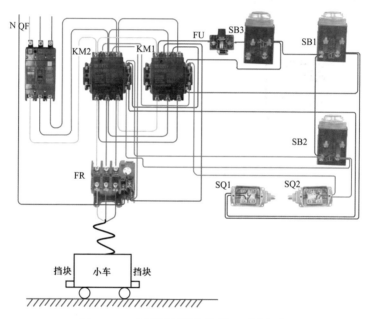

图 3 - 43　行程开关限位控制正反转电路

7. 卷扬机控制电路 （见图 3 - 44）

原理分析：合上断路器 QF，按下 SB1，接触器 KM1 得电吸合并自保，主触点 KM1 闭合，电动机上升，挡铁碰触行程开关 SQ 时电动机停转。中途需要反转时，按下 SB2。反向作用原理相同，只是下降时没有限位。

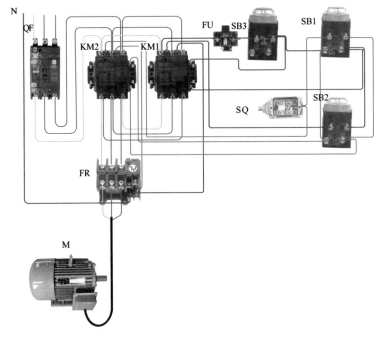

图 3-44 卷扬机控制电路

8. 时间继电器控制按周期重复运行的单向运行电路（见图 3-45）

原理分析：按下按钮 SB1、线圈 KM 得电吸合并自保，电动机 M 启动运行，同时 KT1 开始延时，经过一段时间后，KT1 的动断触点断开，电动机停转。同时，KT2 开始延时，经过一定时间后，KT2 动合触点闭合，接通线圈 KM 回路，以下重复。

9. 行程开关控制按周期重复运行的单向运行电路（见图 3-46）

原理分析：按下按钮 SB1、线圈 KM 得电吸合并通过行程开关 SQ1 的动断触点自保，电动机 M 启动运行，当挡块碰触行程开关 SQ1 时，电动机 M 停止运行，同时 SQ1 动合触点接通时间继电器回路，KT 开始延时，经过一段时间后，KT 动合触点闭合，继电器 KA 得电并通过行程开关 SQ2 自保，KA 动合触点闭合，使 KM 得电，电动机运行。电动机 M 运行到脱离行程开关 SQ1 时，SQ1 复位，同时 KT 线圈回路断开，其动合触点断开。当电动机运行到挡块碰触 SQ2 时，KA 断电，电动机继续运行挡块碰触 SQ1，重复以上过程。

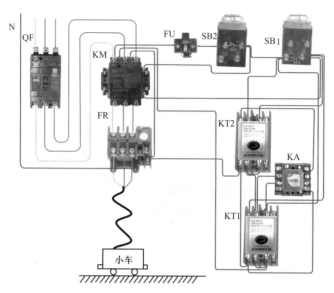

图 3-45 时间继电器控制按周期重复运行的单向运行电路

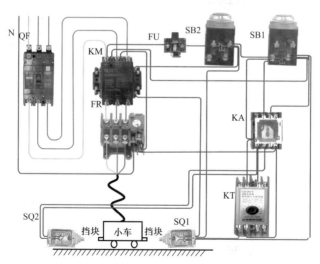

图 3-46 行程开关控制按周期重复运行的单向运行电路

10. 行程开关控制延时自动往返控制电路（见图 3 – 47）

原理分析：合上断路器 QF，按下启动按钮 SB1，接触器 KM1 得电吸合并自保，电动机正转启动。当挡铁碰触行程开关 SQ1 时，其动断触点断开停止正向运行，同时 SQ1 的动合触点接通时间继电器 KT2 线圈，经过一段时间延时，KT2 动合触点闭合，接通反向接触器 KM2 的线圈，电动机反向启动运行，当挡铁碰触行程开关 SQ2 时，重复以上过程。

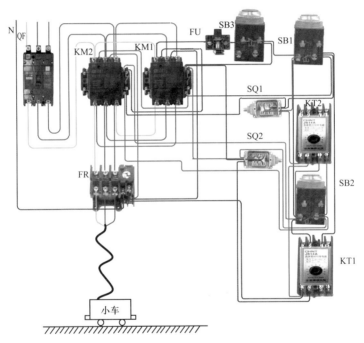

图 3 - 47　行程开关控制延时自动往返控制电路

11. 2Y/△接法双速电动机控制电路（见图 3 – 48）

原理分析：合上断路器 QF，按下低速启动按钮 SB1，接触器 KM1 得电吸合并自保，电动机为△连接低速运行。

按下停止按钮 SB3 后，再按高速启动按钮 SB2，接触器 KM2、KM3 得电吸合并通过 KM2 自保，此时电动机为 2Y 形连接高速运行。

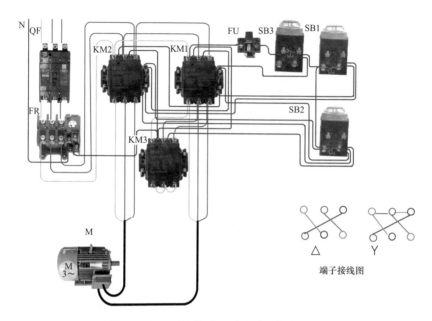

图 3 - 48　2Y/△接法双速电动机控制电路

12. 2Y/△接法电动机升速控制电路（见图 3 - 49）

原理分析：合上断路器 QF，按下启动按钮 SB1，接触器 KM1 得电吸合并自保，电动机为△形连接低速运行。同时时间继电器 KT 线圈得电，经过一段延时后，KT 动断触点断开，接触器 KM1 失电释放，其动合触点闭合，接触器 KM2 和 KM3 得电吸合并通过 KM2 自保，此时电动机为 2Y 形连接，进入高速运行。

13. 两台电动机自动互投的控制电路（见图 3 - 50）

原理分析：合上断路器 QF，按下启动按钮 SB1，接触器 KM1 得电吸合并自保，电动机 M1 运行。同时断电延时继电器 KT1 得电。如果电动机 M1 故障停止，则经过延时，KT1 动合触点闭合，接通 KM2 线圈回路，KM2 得电吸合并自保，电动机 M2 投入运行。如果先运行 M2 工作原理相同。

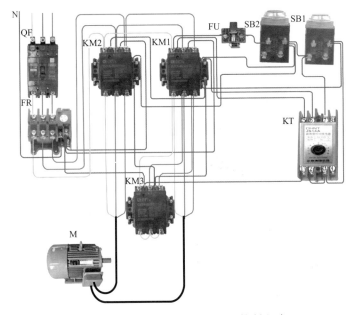

图 3-49　2Y/△接法电动机升速控制电路

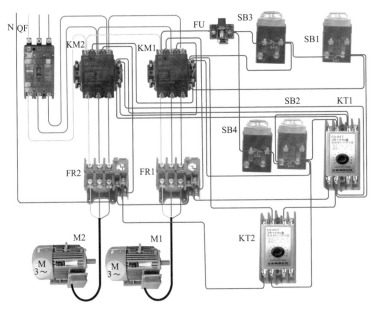

图 3-50　两台电动机自动互投的控制电路

86

14. 电动机综合保护器正反转运行电路（见图 3 - 51）

原理分析：合上断路器 QF，正转时按下 SB1，接触器 KM1 得电吸合并自保，电动机正转运行。电动机故障时，综合保护器切断 KM1 线圈回路，电动机停止。

反转过程相同。

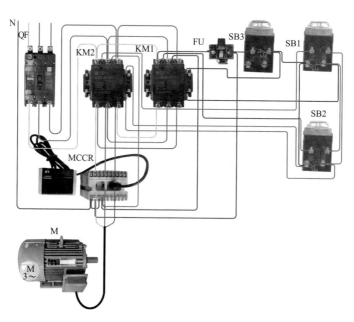

图 3 - 51　电动机综合保护器正反转运行电路

15. PLC 控制两台电动机顺序启动电路（见图 3 - 52）

原理分析：合上开关 QF，按下 SB1，继电器 Y0 得电吸合并自保。电动机 M1 启动，Y0 动合触点串接在 Y1 回路中，实现顺序控制，另外利用时间继电器 T 的延时作用，只有 M1 启动 10s 后 M2 才能启动。

3.4.3　制动电路

1. 速度继电器单向运转反接制动电路（见图 3 - 53）

原理分析：合上断路器 QF，按下启动按钮 SB1，接触器

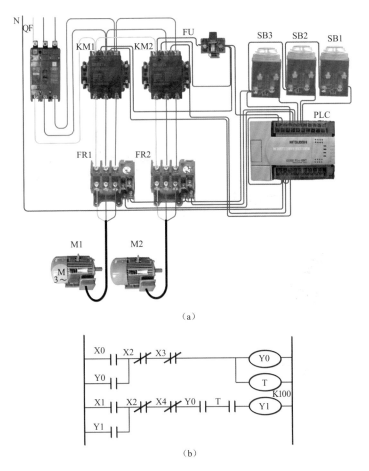

（a）

（b）

图 3-52　PLC控制两台电动机顺序启动电路
（a）实物接线图；（b）梯形图

KM1 得电吸合并自保，电动机直接启动。当电动机转速升高到一定值后，速度继电器 KS 的触点闭合，为反接制动做准备。停机时，按下停止按钮 SB2，接触器 KM1 失电释放，其动断触点闭合，接触器 KM2 得电吸合，电动机反接制动。当转速低于一定值时，速度继电器 KS 触点打开，KM2 失电释放，制动过程结束。

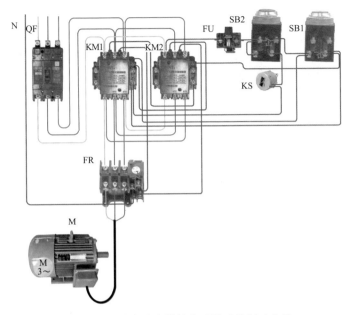

图 3 - 53　速度继电器单向运转反接制动电路

2. 时间继电器单向运转反接制动电路（见图 3 - 54）

原理分析：合上断路器 QF，按下启动按钮 SB1，接触器 KM1 得电吸合并自保，电动机直接启动，时间继电器得电吸合。停机时，按下停止按钮 SB2，接触器 KM1 失电释放，KM1 动断触点闭合，KM2 得电吸合并自保，电动机反接制动。同时时间继电器开始延时，经过一定时间后，KT 动断触点断开，KM2 失电释放，制动过程结束。

3. 单向电阻降压启动反接制动电路（见图 3 - 55）

原理分析：合上断路器 QF，按下启动按钮 SB1，接触器 KM1 得电吸合并自保，电动机串入电阻 R 降压启动。当转速上升到一定值时，速度继电器 KS 动合触点闭合，中间继电器 KA 得电吸合并自保，接触器 KM3 得电吸合，短接了降压电阻 R，电动机进入全压正常运行。

停机时，按下按钮 SB2，接触器 KM1、KM3 先后失电释放，KM1 动断辅助触点复位，KM2 得电吸合，电动机串入限流电

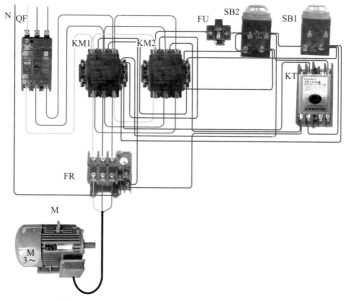

图 3-54 时间继电器单向运转反接制动电路

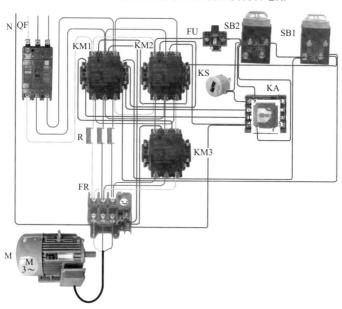

图 3-55 单向电阻降压启动反接制动电路

阻 R 反接制动。当电动机转速下降到一定值时，KS 动合触点断开，KM2 失电释放，反接制动结束。

4. 正反向运转反接制动电路（见图 3 - 56）

原理分析：合上断路器 QF，按下启动按钮 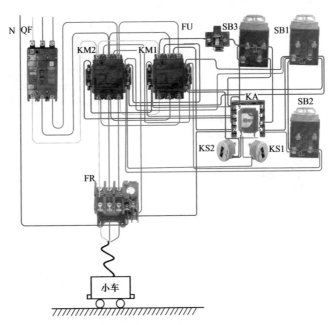 SB1，接触器 KM1 得电吸合并自保，电动机正转运行。当电动机转速达到一定值后，速度继电器 KS1 动合触点闭合，为反接制动做好准备。停机时，按下停止按钮 SB3，接触器 KM1 失电释放，中间继电器 KA 得电吸合并自保，接触器 KM2 得电吸合，电动机反接制动，当转速低于一定值时，KS1 动合触点打开，KM2 和 KA 失电释放，制动结束。

反转方法与此相同。

图 3 - 56　正反向运转反接制动电路

5. 正反向电阻降压启动反接制动电路（见图 3 - 57）

原理分析：合上断路器 QF，按下启动按钮 SB1，接触器 KM1 得电吸合并自保，电动机正转降压启动。当转速上升到一定

值后，速度继电器 KS2 动合触点闭合，KA₁ 得电吸合，接触器 KM3 得电吸合，短接电阻 R，电动机进入全压正常运行。

停机时，按下停止按钮 SB3，接触器 KM1、KM3 失电释放，而接触器 KM2 得电吸合，电动机串入电阻反接制动。当转速低于一定值时，速度继电器 KS2 动合触点打开，KM2 失电释放，电动机制动结束。

电动机反转及其制动过程与上述过程相似。

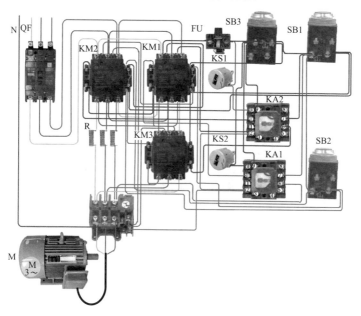

图 3-57　正反向电阻降压启动反接制动电路

6. 手动单向运转能耗制动电路（见图 3-58）

原理分析：合上断路器 QF，按下启动按钮 SB1，接触器 KM1 得电吸合并自保，电动机启动运行。停机时，按住 SB2，KM1 失电释放，KM2 得电，开始能耗制动。松开 SB2，制动结束。

7. 速度继电器单向运转能耗制动电路（见图 3-59）

原理分析：合上断路器 QF，按下启动按钮 SB1，接触器 KM1 得电吸合并自保，电动机直接启动。当电动机转速升高到一

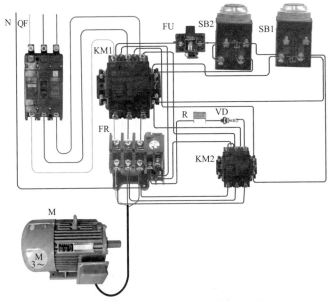

图 3 - 58　手动单向运转能耗制动电路

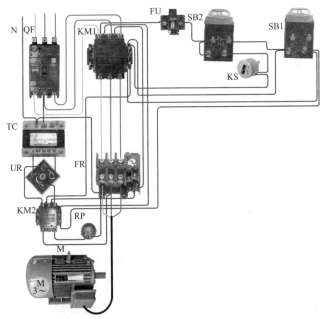

图 3 - 59　速度继电器单向运转能耗制动电路

定值后，速度继电器 KS 的触点闭合，为能耗制动做好准备。停机时，按下停止按钮 SB2，接触器 KM1 失电释放，接触器 KM2 得电吸合，电动机开始能耗制动。当转速低于一定值时，速度继电器 KS 触点打开，KM2 失电释放，制动过程结束。

8. 断电延时单向运转能耗制动电路（见图 3-60）

原理分析：合上断路器 QF，按下启动按钮 SB1，接触器 KM1 得电吸合并自保，电动机启动运行。

停机时，按下停止按钮 SB2，接触器 KM1 失电释放，而接触器 KM2 得电吸合并自保，电动机处于能耗制动状态，同时时间继电器 KT 开始延时，经过一定时间，其动断触点断开，KM2 失电释放，制动过程结束。

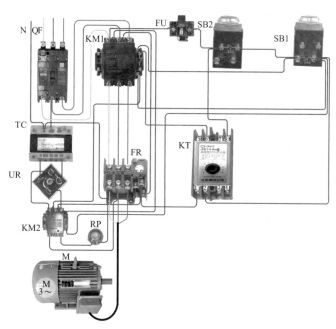

图 3-60　断电延时单向运转能耗制动电路

9. 行程开关单向运转能耗制动电路（见图 3-61）

原理分析：合上断路器 QF，按下启动按钮 SB1，接触器 KM1 得电吸合并自保，电动机正转运行。

当设备运行碰触行程开关 SQ 时，接触器 KM1 失电释放，SQ 动合触点接通 KM2 回路，KM2 得电吸合，电动机处于能耗制动状态。同时时间继电器 KT 开始延时，经过一定时间，KT 动断触点断开，KM2 失电释放，电动机制动结束。

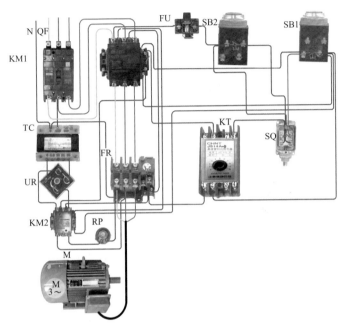

图 3 - 61　行程开关单向运转能耗制动电路

10. 单向自耦降压启动能耗制动电路（见图 3 - 62）

原理分析：合上断路器 QF，按下启动按钮 SB1，接触器 KM1 得电吸合并自保，电动机接入自耦变压器降压启动，经过延时 KT1 动合触点闭合，KM2 得电吸合并自保，KM1 失电释放，电动机全压运行。

停机时，按下停止按钮 SB2，接触器 KM2 失电释放，同时接触器 KM3 得电吸合并自保，电动机进行能耗制动，时间继电器 KT2 开始延时，过一段时间，其动断触点断开，KM3 失电释放，制动过程结束。

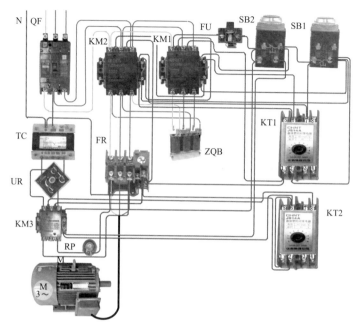

图 3-62   单向自耦降压启动能耗制动电路

11. 单向 Y—△降压启动能耗制动电路（见图 3-63）

原理分析：合上断路器 QF，按下启动按钮 SB1，接触器 KM1 得电吸合并自保，电动机降压启动，经过延时时间继电器 KT1 动断触点断开 KM3 电源、动合触点接通 KM2 电源，电动机接成△形全压运转。停机时，按下停止按钮 SB2，接触器 KM1 失电释放，接触器 KM4 得电吸合并自保，电动机进入能耗制动状态，经过一段时间延时后，KT2 延时动断触点断开，KM4 失电释放，能耗制动结束。

12. 手动正反转运转能耗制动电路（见图 3-64）

原理分析：图中 SB1 和 SB2 分别为正向和反向启动按钮，SB3 为停止按钮，停机时，按住停止按钮 SB3，接触器 KM1（或 KM2）失电释放，KM1（或 KM2）的动断辅助触点闭合，接触器 KM3 得电吸合，其两副动合触点闭合，后面的制动过程同手动单向运转能耗制动电路。

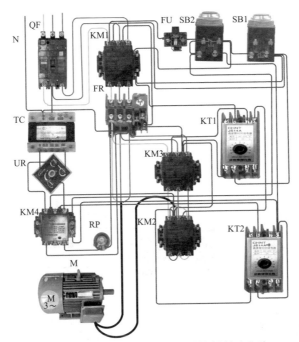

图 3-63　单向 Y—△降压启动能耗制动电路

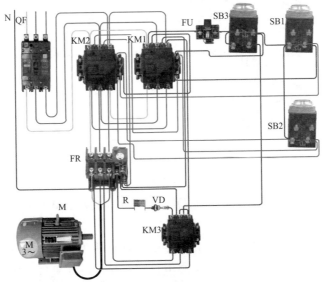

图 3-64　手动正反转运转能耗制动电路

13. 时间继电器正反转能耗制动电路（见图 3-65）

原理分析：若需正转，合上断路器 QF，按下正转启动按钮 SB1，接触器 KM1 得电吸合并自保，电动机正向启动运转，停机时，按下停止按钮 SB3，接触器 KM1 失电释放，接触器 KM3 得电吸合并自保，电动机进入能耗制动状态，同时时间继电器 KT 得电吸合，经过一段时间延时后，KT 延时动断触点断开，KM3 失电释放，电动机脱离直流电源，正向能耗制动结束。

电动机反转及反向能耗制动原理与正转及正向能耗制动相同。

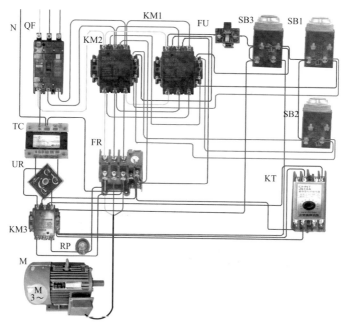

图 3-65　时间继电器正反转能耗制动电路

14. 单向运转短接制动电路（见图 3-66）

原理分析：合上断路器 QF，按下启动按钮 SB1，接触器 KM1 得电吸合并自保，电动机启动运行。

停机时，按住停止按钮 SB2，KM1 失电释放，其动断触点闭合，KM2 吸合，三相定子绕组自相短接，电动机进入短接制动状态。松开 SB2，制动结束。

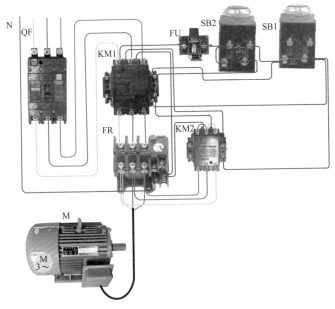

图 3-66 单向运转短接制动电路

15. 正反向运转短接制动电路（见图 3-67）

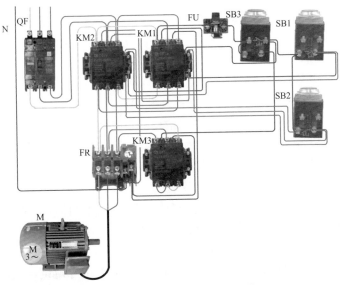

图 3-67 正反向运转短接制动电路

原理分析：合上断路器 QF，按下启动按钮  SB1，接触器 KM1 得电吸合并自保，电动机正向启动运行，停机按下停止按钮 SB3，KM1 失电释放，同时 KM3 得电吸合，电动机开始短接制动，松开 SB3，制动结束。

反转原理与此相同。

3.5 电气电路的安装与维修

3.5.1 电气控制电路安装配线的一般原则

1. 电气控制柜〔箱或板〕的安装

（1）电气元件的安装。按照电气元件明细表配齐电气设备和元件，安装步骤如下。

1）掌握电路工作原理的前提下，绘制出电气安装接线图。

2）检查电气元件的质量。包括检查元件外观是否完好、各接线端子及紧固件是否齐全、操作机构和复位机构的功能是否灵活、绝缘电阻是否达标等。

3）底板选料与剪裁。底板可选择 4.5～5mm 厚的钢板或 5mm 厚的层压板等，按电气元件的数量和大小、摆放位置及安装接线图确定板面的尺寸。

4）电气元件的定位。按电气产品说明书的安装尺寸，在底板上确定元件安装孔的位置并固定钻孔中心。选择合适的钻头对准钻孔中心进行冲眼。此过程中，钻孔中心应该保持不变。

5）电气元件的固定。用螺栓加以适当的垫圈，将电气元件按各自的位置在底板上进行固定。

（2）电气元件之间导线的安装。

1）导线的接线方法：在任何情况下，连接器件都必须与连接的导线横截面积和材料性质相适应，导线与端子的接线，一般一个端子只连接一根导线。有些端子不适合连接软导线时，可在导线端头上采用针形、叉形等冷压端子。如果采用专门设计的端子，可以连接两根或多根导线，但导线的连接方式必须是工艺上成熟

的各种方式，如夹紧、压接、焊接、绕接等。导线的接头除必须
采用焊接方法外，所有的导线应当采用冷压端子。若电气设备在
运行时承受的振动很大，则不许采用焊接的方式。接好的导线连
接必须牢固，不得松动。

2）导线的标志：在控制板上安装电气元件，导线的线号标志
必须与电气原理图和电气安装接线图相符合，并在各电气元件附
近做好与原理图上相同代号的标记，注意主电路和控制电路的编
码套管必须齐全，每一根导线的两端都必须套上编码套管。套管
上的线号可用环乙酮与龙胆紫调合，不易褪色。在遇到 6 和 9 或
16 和 91 这类倒顺都能读数的号码时，必须做记号加以区别，以免
造成线号混淆。

（3）导线横截面积的选择。对于负载为长期工作制的用电设
备，其导线横截面积按用电设备的额定电流来选择；当所选择的
导线、电缆横截面积大于 95mm² 时，宜改为用两根横截面积小的
导线代替；导线、电缆横截面积选择后应满足允许温升及机械强
度要求；移动设备的橡套电缆铜芯横截面积不应小于 4.5mm²；明
敷时，铜线不应小于 1mm²，铝线不应小于 4.5mm²；穿管敷设与
明敷相同；动力电路铜芯线横截面积不应小于 1.5mm²；铜芯导线
可与大一级横截面积的铝芯线相同使用。

对于绕线转子电动机转子回路导线横截面积的选择可按以下
原则。

1）转子电刷短接。负载启动转矩不超过额定转矩 50% 时，按
转子额定电流的 35% 选择横截面积；在其他情况下，按转子额定
电流的 50% 选择。

2）转子电刷不短接。按转子额定电流选择横截面积。转子的
额定电流和导线的允许电流，均按电动机的工作制确定。

（4）导线允许电流的计算。

1）反复短时工作制的周期时间 $T \leq 10\text{min}$，工作时间 $t_G \leq$
4min 时，导线或电缆的允许电流按下列情况确定：

横截面积小于或等于 6mm² 的铜线，以及横截面积小于或等于
10mm² 的铝线，其允许电流按长期工作制计算；

横截面积大于 6mm² 的铜线，以及横截面积大于 10mm² 的铝线，其允许电流等于长期工作制允许电流乘以系数 $0.875/\sqrt{\varepsilon}$。ε 为用电设备的额定相对接通率（暂载率）。

2）短时工作制的工作时间 $t_G \leqslant 4\text{min}$，并且停歇时间内导线或电缆能冷却到周围环境温度时，导线或电缆的允许电流按反复短时工作制确定。当工作时间超过 4min 或停歇时间不足以使导线、电缆冷却到环境温度时，则导线、电缆的允许电流按长期工作制确定。

（5）线管选择。线管选择主要是指线管类型和直径的选择。

1）根据敷设场所选择线管类型。潮湿和有腐蚀气体的场所内明敷或埋地，一般采用管壁较厚的白铁管，又称水煤气管；干燥场所内明敷或暗敷，一般采用管壁较薄的电线管；腐蚀性较大的场所内明敷或暗敷，一般采用硬塑料管。

2）根据穿管导线横截面积和根数选择线管的直径。一般要求穿管导线的总横截面积（包括绝缘层）不应超过线管内径横截面积的 40%。白铁管和电线管的管径可根据穿管导线的横截面积和根数选择，参见表 3-1。

表 3-1　　　　　　白铁管和电线管的管径选择

线管种类		铁管的标称直径（内径）/mm					电线管的标称直径（外径）/mm				
线管规格（直径）/mm　　导线横截面积/mm	穿导线根数	二根	三根	四根	六根	九根	二根	三根	四根	六根	九根
16		25	25	32	38	51	25	32	32	38	51
20		25	32	32	51	64	25	32	38	51	6+
25		32	32	38	51	61	32	38	38	51	64
35		32	38	51	51	64	32	38	51	65	64
50		38	51	51	64	76	38	51	64	64	76

（6）导线共管敷设原则。

1）同一设备或生产上互相联系的各设备的所有导线（动力线或控制线）可共管敷设。

2）有连锁关系的电力及控制电路导线可共管敷设。

3）各种电动机、电气及用电设备的信号、测量和控制电路导线可共管敷设。

4）同一照明方式（工作照明或事故照明）的不同支线可共管敷设，但一根管内的导线数不宜超过 8 根。

5）工作照明与事故照明的电路不得共管敷设。

6）互为备用的电路不得共管敷设。

7）控制线与动力线共管，当电路较长或弯头较多时，控制线的横截面积应不小于动力线横截面积的 10%。

（7）导线连接的步骤。分析电气元件之间导线连接的走向和路径，选择合理的走向。根据走向和路径及连接点之间的长度，选择合适的导线长度，并将导线的转弯处弯成 90°。用电工工具剥除导线端子处的绝缘层，套上导线的编码套管，压上冷压端子，按电气安装接线图接入接线端子并拧紧压紧螺钉。按布线的工艺要求布线，所有导线连接完毕之后进行整理。做到横平竖直，导线之间没有交叉、重叠且相互平行。

2. 电气控制柜（箱或板）的配线

（1）配线时一般注意事项总结如下：

1）根据负载的大小、配线方式及电路的不同选择导线的规格、型号，并考虑导线的走向。

2）从主电路开始配线，然后再对控制电路配线。

3）具体配线时应满足每种配线方式的具体要求及注意事项。

4）导线的敷设不应妨碍电气元件的拆卸。

5）配线完成之后应根据各种图样再次检查是否正确无误，没有错误，将各种紧压件压紧。

（2）板前配线。又称明配线，适用于电气元件较少，电气电路比较简单的设备，这种配线方式导线的走向较清晰，对于安全维修及故障的检查较方便。配线时应注意以下几条：

1）连接导线一般选用 BV 型的单股塑料硬线。

2）导线和接线端子应保证可靠的电气连接，线端应该压上冷压端子。对不同横截面积的导线在同一接线端子连接时，大横截面积在下，小横截面积在上，且每个接线端子原则上不超过两根导线。

3）电路应整齐美观、横平竖直。导线之间不交叉、不重叠，转弯处应为直角，成束的导线用线束固定。导线的敷设不影响电气元件的拆卸。

（3）板后配线。又称暗配线。这种配线方式的板面整齐美观且配线速度快。采用这种配线方式应注意以下几个方面。

1）配电盘固定时，应使安装电气元件的一面朝向控制柜的门，便于检查和维修。安装板与安装面要留有一定的余地。

2）板前与电气元件的连接线应接触可靠，穿板的导线应与板面垂直。

3）电气元件的安装孔、导线的穿线孔的位置应该准确，孔的大小应合适。

（4）线槽配线。线槽一般由槽底和盖板组成，其两侧留有导线的进出口，槽中容纳导线（多采用多股软导线作连接导线），视线槽的长短用螺钉固定在底板上。采用这种配线方式应注意以下几个方面。

1）用线槽配线时，线槽装线不要超过线槽容积的 70%，以便安装和维修。

2）线槽外部的配线，对装在可拆卸门上的电气接线必须采用互连端子板或连接器，它们必须牢固固定在框架、控制箱或门上。

对于内部配线而言，从外部控制电路、信号电路进入控制箱内的导线超过 10 根时，必须用端子板或连接器件过渡，但动力电路和测量电路的导线可以直接接到电气的端子上。

（5）线管配线。

1）尽量取最短距离敷设线管，管路尽量少弯曲，若不得不弯曲，其弯曲半径不应小于线管外径的 6 倍。若只有一个弯曲时，可减至 4 倍。敷设在混凝土内的线管，弯曲半径不应小于外径的 10

倍。管子弯曲后不得有裂缝、凹凸等缺陷，弯曲角度不应小于90°，椭圆度不应大于10%。若管路引出地面，离地面应有一定的高度，一般不小于0.2m。

2）明敷线管时，布置应横平竖直、排列整齐美观。电线管的弯曲处及长管路，一般每隔0.8～1m用管夹固定。多排线管弯曲度应保持一致。埋设的线管与明设的线管的连接处，应装设接线盒。

3）根据使用的场合、导线横截面积和导线根数选择线管类型和管径，且管内应留有40%的余地。对同一电压等级或同一回路的导线允许穿在同一线管内。管内的导线不准有接头，也不准有绝缘破损之后修补的导线。

4）线管埋入混凝土内敷设时，管子外径不应超过混凝土厚度的1/2，管子与混凝土模板间应有20mm间距。并列敷设在混凝土内的管子，应保证管子外皮相互间有20mm以上的间距。

5）线管穿线前，应使用压力约为0.25Pa的压缩空气，将管内的残留水分和杂物吹净，也可在铁丝上绑以抹布，在管内来回拉动，使杂物和积水清除干净，然后向管内吹入滑石粉；对于较长的管路穿线时，可以采用直径1.2mm的钢丝作引线，送线时需两人配合送线，一人送线，一人拉铁丝，拉力不可过大，以保证顺利穿线。放线时应量好长度，用手或放线架逆着导线在线轴上绕，使线盘旋转，将导线放开。应防止导线扭动、打扣或互相缠绕。

6）线管应可靠地保护接地和接零。

（6）金属软管配线。

1）金属软管只适用于电气设备与铁管之间的连接或铁管施工有困难的个别线段，金属软管的两端应配置管接头，每隔0.5m处应有弧形管夹固定，而中间引线时采用分线盒。

2）金属管口不得有毛刺，在导线与管口接触处，应套上橡皮或塑料管套，以防止导线绝缘损伤，管中导线不得有接头，并不得承受拉力。

机床的控制箱一般处于工业环境中，为防止铁屑、灰尘和液体的进入，除了必要的保护电缆外，控制箱所有的外部配线一律装入导线通道内，且导线通道应留有余地，供备用导线和今后增加导线之用。连接活动部分的导线（如箱门、刀架、溜板箱等）应采用多股软线。对多根导线可用线绳、螺旋管捆扎或用塑料管、金属软管保护，以免损伤。对活动线束应留有一定的弯曲活动长度，保证线束在活动中不受拉力。

在机床外部和内部，而不在控制柜内的导线，均应在管内敷设。机床内部一般敷设塑料管或金属软管，也可用绝缘绑扎。机床外部可敷设金属软管，而在可能承受拉力的地方（如悬挂操纵箱的导线穿管等），应敷设软管电缆，对可能受机械损伤的地方，应敷设铁管，而在不可能遭受到机械损伤部位的导线，可采用塑料管保护；在发热体上方或旁边的导线，必须加耐热瓷管进行保护。导线采用的钢管，壁厚应不小于 1mm，如用其他材料，壁厚必须有等效于壁厚为 1mm 钢管的强度。当用设备底座作导线通道时，无须再加预防措施，但必须能防止液体、铁屑和灰尘的侵入。同时为了避免电线管与油管或冷却液管混淆，不要把电线管与它们装设得很近。

3.5.2 控制电路的调试方法

1. 通电前检查

安装完毕的每个控制柜或电路板，必须经过认真检查后，才能通电试车，以防止错接、漏接造成不能实现控制功能或短路事故。检查内容有如下几个方面。

（1）按电气原理图或电气接线图从电源端开始，逐段核对接线及接线端子处线号。重点检查主电路有无漏接、错接及控制电路中容易接错之处。检查导线压接是否牢固，接触是否良好，以免带负载运转时产生打弧现象。

（2）用万用表检查电路的通断情况。可先断开控制电路，用电阻挡检查主电路有无短路现象。然后断开主电路，再检查控制电路有无开路或短路现象，自保、连锁装置的动作及可靠性。

（3）用绝缘电阻表对电动机和连接导线进行绝缘电阻检查。

用绝缘电阻表检查，应分别符合各自的绝缘电阻要求，如连接导线的绝缘电阻不小于 $7M\Omega$，电动机的绝缘电阻不小于 $0.5M\Omega$ 等。

（4）检查时要求各开关按钮、行程开关等电气元件应处于原始位置；调速装置的手柄应处于最低速位置。

2. 机床试车

为保证人身安全，在通电试运转时，应认真执行安全操作规程的有关规定，一人监护，一人操作。试运转前应检查与通电试运转有关的电气设备是否有不安全的因素存在，查出后应立即整改，方能试运转。

通电试运转的顺序如下。

（1）空操作试车。断开主电路，接通断路器，使控制电路空操作，检查控制电路的工作情况，如按钮对继电器、接触器的控制作用；自保、连锁的功能；急停器件的动作；行程开关的控制作用；时间继电器的延时时间，观察电气元件动作是否灵活，有无卡阻及噪声过大等现象，有无异味。如有异常，立刻切断断路器检查原因。

（2）空载试车。若第一步通过，接通主电路即可进行空载试车。首先点动检查各电动机的转向及转速是否符合要求；然后调整好保护电气的整定值，检查指示信号和照明灯的完好性等。

（3）负载试车。第一步和第二步经反复几次操作均正常后，才可进行带负载试车。此时，在正常的工作条件下，验证电气设备所有部分运行的正确性，特别是验证在电源中断和恢复时对人身和设备的伤害、损坏程度。此时进一步观察机械动作和电气元件的动作是否符合原始工艺要求；进一步调整行程开关的位置及挡块的位置；对各种电气元件的整定数值进一步调整。

3. 试车的注意事项

调试人员在调试前必须熟悉生产机械的结构、操作规程和电气系统的工作要求；通电时，先接通主电源；通电后，注意观察各种现象，随时做好停车准备，以防止意外事故发生。如有异常，应立即停车，待查明原因之后再继续进行，未查明原因不得强行送电。

3.5.3 单向直接启动电路的安装

1. 配电箱的选择与制作

根据图 3-68 带指示灯的自保功能的正转启动电路实物图改制绘制的电气控制电路图如图 3-69 所示，绘制的安装图如图 3-70所示。先根据电动机的容量选择断路器、接触器、热继电器、熔断器、按钮、指示灯、HLK 系列开关柜。新购置的 HLK 系列开关柜内部布置如图 3-71 所示。先将所有的元器件备齐，在主电路板、箱门上将这些元器件进行模拟排列。元器件布局要合理，总的原则是力求连接导线短，各电器排列的顺序应符合其动作规律。用划针在主电路板、箱门上画出元器件的装配孔、行线槽、端子排位置，然后拿开所有的元器件。核对每一个元器件的安装孔尺寸，然后钻中心孔、钻孔、攻螺纹，加工后的 HLK 系列开关柜内部布置如图 3-72 所示。

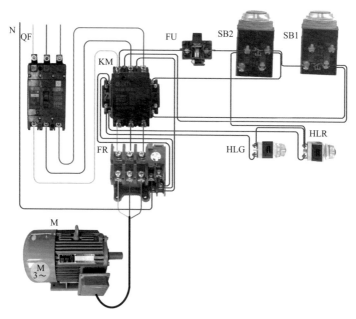

图 3-68　带指示灯的自锁功能的正转启动电路

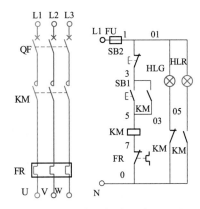

图 3 - 69　单向启动电路原理图

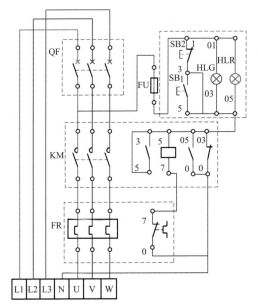

图 3 - 70　单向直接启动电路接线图

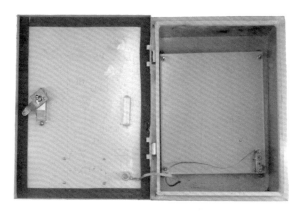

图 3 - 71　新购置 HLK 系列控制柜内部布置图

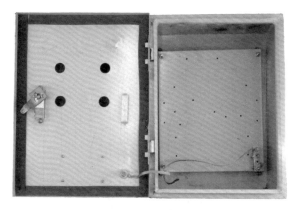

图 3 - 72　加工后的 HLK 系列开关柜内部布置图

2. 元器件的安装

按照模拟排列的位置，将元器件、行线槽、端子排安装好，贴上端子排线号，并去掉行线槽部分小齿，如图 3 - 73 所示。要求元器件与底板保持横平竖直，所有无器件在底板上要固定牢固，不得有松动现象。

3. 主电路的连接

（1）根据电路走向，弯制黄色导线，剪掉多余导线，将导线一端剥掉绝缘层并弯成羊眼圈接入 L1 相进线端子排，另一端剥掉绝缘层接入断路器上端，如图 3 - 74（a）所示。同样方法连接 L2、

图 3-73　安装元器件后的 HLK 系列开关柜内部布置图

L3 相导线。

（2）连接断路器和接触器 KM 之间的导线，并连接断路器和熔断器之间导线。

（3）连接 KM 与热继电器 FR 之间的导线。

（4）连接热继电器 FR 与端子 U、V、W 之间的导线。

（5）全部连接好后检查有无漏线，接错，如图 3-74（b）所示。

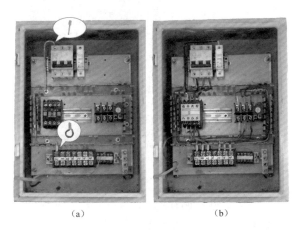

　　　　（a）　　　　　　　　　　（b）

图 3-74　主电路配线

（a）导线制作；（b）配线后的主电路板

图解电工 从入门到精通

4. 控制电路的连接

（1）将控制线一端冷压上端子，套上线号后接入 SB1 上端，另一端按走向留够余线后剪掉、套上线号，并打上弯扣，如图 3 - 75 所示。

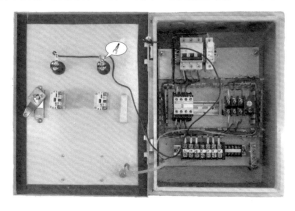

图 3 - 75　控制线的制作

（2）用同样的方法连接其他导线，绑上螺旋带将导线绑成一束，绑扎固定并根据导线长度剪掉余线，如图 3 - 76 所示。

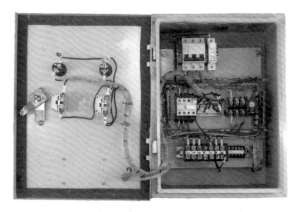

图 3 - 76　剪掉余线后的开关柜内部

（3）按安装图弯制其他控制线，并将线头镀锡后，接入对应元器件或接线端子，扣上行线槽盖，如图 3 - 77 所示。

5. 配线调试

（1）测量电路对地电阻大于 7MΩ，检查热继电器整定值调整

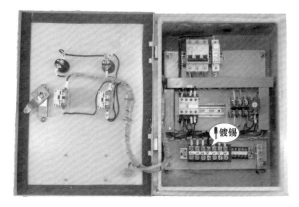

图 3-77 配线完成后的开关柜内部

是否合理，检查主电路和控制电路所有电气元件是否完好，动作是否灵活；有无接错、掉线、漏接和螺钉松动现象；接地系统是否可靠。

（2）接上电源线，合上断路器，关上柜门，绿色停止指示灯亮，如图 3-78（a）所示。

（3）按下运行按钮，注意接触器的吸合声，此时红色指示灯亮，如图 3-78（b）所示。

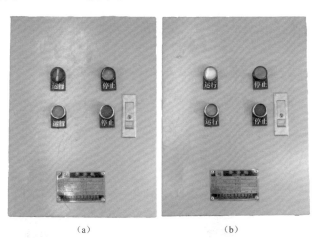

（a）   （b）

图 3-78 调试中的指示

（a）停止指示；（b）运行指示

（4）正常后，打开柜门，测量 U、V、W 电压正常。

3.5.4　控制电路的检查方法

1. 验电器法

验电器检查断路故障的方法如图 3 - 80 所示。

按下按钮 SB1，用试电笔依次测试 1、3、5、7（参照图 3 - 79，下同）各点，测量到哪一点验电器没有显示即为断路处。

🔘 测试注意事项

1）采用氖管验电器对一端接地的 220V 电路进行测量时，要从电源侧开始，依次测量，且要注意观察试电笔的亮度，防止因外部电场、泄漏电流引起氖管发亮，而误认为电路没有断路。

2）当检查 380V 并有变压器的控制电路中的熔断器是否熔断时，要防止电源电压通过另一相熔断器和变压器的一次线圈回到已熔断的熔断器的出线端，造成熔断器未熔断的假象。

2. 万用表法

（1）电压测量法。分为分阶测量法和分段测量法两种，检查时将万用表的选择开关旋到交流电压 500V 挡位。

1）分阶测量法：如图 3 - 80 所示。检查时，首先可测量 1、0 点间的电压，若为 220V 说明电压正常，然后按住 SB1 不放，同时将一表棒接到 0 号线上，另一表棒按 3、5、7 线号依次测量，分别

图 3 - 79　验电器查找断路故障　图 3 - 80　电压分阶测量法查找断路故障

测量 0～3、0～5、0～7 各阶之间的电压，各阶的电压都为 220V 说明电路工作正常；若测到 0～5 电压为 220V，而测到 0～7 无电压，说明接触器线圈断路。

2) 分段测量法：电压分段测量法如图 3－81 所示。检查时，可先测试 1、0 两点间电压，若为 220V，说明电源电压正常。然后按下 SB1 后，逐段测量相邻线号 1～3、3～5、5～7、7～0 间的电压。若除 5、7 两点间的电压为 220V 外，其余任何两点之间的电压值都为 0，说明电路正常。当测量到某相邻两点间的电压为 220V 时，说明这两点间有断路现象。

（2）电阻测量法。

1) 电阻分阶测量法。电阻分阶测量法如图 3－82 所示。按下 SB1，KM 不吸合说明电路有断路故障。首先断开电源，然后按下 SB1 不放，可用万用表的电阻挡测量 1、0 两点间的电阻，若电阻为无穷大，说明 1、0 之间电路断路，然后分别测量 1～3、1～5、1～7、1～0 各点之间的电阻值，若某点电阻值为 0（或线圈电阻值）说明电路正常；若测量到某线号之间的电阻值为无穷大，说明该触点或连接导线有断路故障。

图 3－81　电压分段测量法断路故障　　图 3－82　电阻分阶测量法

2) 电阻分段测量法。电阻的分段测量法如图 3－83 所示。检查时，先按下 SB1，然后依次逐段测量相邻两线号 1～3、3～5、5～7、7～0 间的电阻值，若测量某两线号的电阻值为无穷大，说

明该触点或连接导线有断路故障。

电阻测量法虽然安全，但测得的电阻值不准确时，容易造成错误判断，应注意以下事项：用电阻测量法检查故障时，必须先断开电源；若被测电路与其他电路并联时，必须将该电路与其他电路断开，否则所测得的电阻值误差较大。

3. 短接法

短接法是利用一根导线，将所怀疑断路的部位短接，若短接过程中电路被接通，则说明该处断路。短接法有局部短接法和长短接法两种。

(1) 局部短接法。局部短接法如图 3-84 所示。按下 SB1 时，KM1 不吸合，说明该电路有断路故障。

检查时，可先用万用表电压挡测量 0、1 两点之间的电压值，如电压正常，可按下 SB1 不放，然后手持一根带绝缘的导线，分别短接 1~3、3~5、7~0，当短接到某两点时，接触器吸合，说明断路故障就在这两点之间。

图 3-83　电阻分段测量法　　图 3-84　局部断路法查找断路故障

(2) 长短接法。长短接法如图 3-85 所示，长短接法是指一次短接两个或多个触点来检查断路故障的一种方法。

检查时，可先用万用表电压挡测量 0、1 两点之间的电压值，如电压正常，可按下 SB1 不放，然后手持一根带绝缘的导线，先将 1~5 短接，若 KM 吸合，说明 1~5 两点之间有断路故障，然后再短接 1～3、3～5，查找故障点。若 KM 不吸合，说明故障点在 4～0 之间，也就是热继电器 FR 的动断触点断路。

图 3 - 85　长短接法查找断路故障

🔵 检查注意事项

1）由于短接法是用手拿着绝缘导线带电操作，因此一定要注意安全，以免发生触电事故。

2）短接法只适用于检查压降极小的导线和触头之间的断路故障，对于压降较大的电器，如电阻、接触器和继电器线圈、绕组等断路故障，不能采用短接法，否则就会出现短路故障。

3）对于机床的某些要害部位，必须确保电气设备或机械部位不会出现事故的情况下，才能采用短接法。

4

配线与照明工程

4.1 室内配线

4.1.1 线管配线

1. 钢管的连接

（1）管箍连接。明配管采用成品丝扣连接，两管拧进管接头长度不可小于管接头长度的 1/2（6 扣），使两管端之间吻合。

（2）活接连接。在直线段每隔一段使用一个活接，主要用于管路的清扫和方便穿线。

（3）三通连接。用于分支和器具安装。

（4）断续配管。管头应加塑料护口，如图 4 - 1 所示。

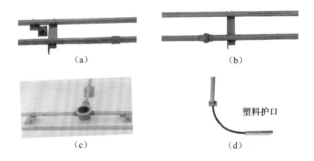

图 4 - 1　钢管连接的方法

（a）管箍连接；（b）活接连接；（c）三通连接；（d）断续配管

2. 管子明装

（1）钢管支架安装。

1）安装时先按配线线路画出支撑点、拐弯、器具盒位置，然后在墙上打孔。

2）将支架先安上膨胀螺钉，然后整体安装并固牢。支架一般用角钢或特制型材加工制作。下料时应用钢锯锯割或用无齿锯下料。

3）将预制好的电线管用双边管卡固定在支架上，如图 4 - 2 所示。

（2）塑料管卡子安装。

1）用冲击电钻钻孔。孔径应与塑料胀管外径相同，孔深度不

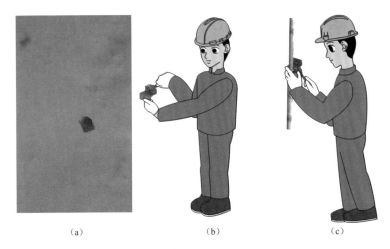

图4-2　钢管支架安装

（a）打孔；（b）支架安装；（c）线管安装

应小于胀管的长度，当管孔钻好后，放入塑料胀管。

应该注意的是沿建筑物表面敷设的明管，一般不采用支架，应用管卡子均匀固定。

2）管固定时应先将管卡的一端螺钉拧进一半，然后将管敷设于管卡内，再将管卡两端用木螺钉拧紧，如图4-3所示。固定点间的最大距离见表4-1。

表4-1　　　　　　　　钢管中间管卡最大距离

敷设方式	钢管类型	钢管直径			
		15～20	25～32	40～50	65～100
		最大允许距离/m			
吊架、支架或沿墙敷设	厚壁管	1.5	2.0	2.5	3.5
	薄壁管	1.0	1.5	2.0	

3. 钢管明装的几种做法

（1）明配管在拐弯处应煨成弯曲，或使用弯头。

（2）明配管在绕过立柱处应煨成弯曲，或使用弯头。

（3）明配管在绕过其他线管处应煨成弯曲，或使用弯头。

120

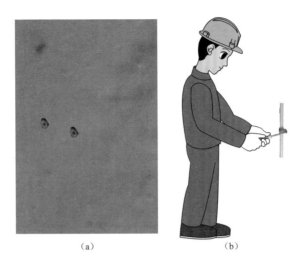

(a)   (b)

图 4-3　塑料管卡子安装

（a）安装塑料胀管；（b）安装塑料管

（4）当多根明配管排列敷设时，在拐角处应使用中间接线箱进行连接，也可按管径的大小弯成排管敷设，所有管子应排列整齐，转角部分应按同心圆弧的形式进行排列，如图 4-4 所示。

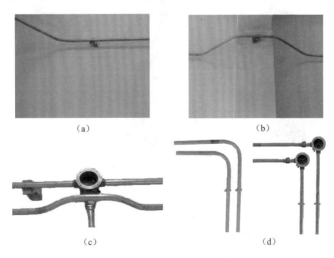

(a)   (b)

(c)   (d)

图 4-4　钢管明装的做法

（a）拐弯；（b）绕过立柱；（c）绕过线管；（d）钢管排列敷设拐角

4.1.2　管内穿线

1. 穿引线钢丝

将 $\phi 1.2 \sim \phi 2.0$ 的钢丝由管一端逐渐送入管中，直到另一端露出头时为止。如遇到管接头部位连接不佳或弯头较多及管内存有异物，钢丝滞留在管路中途时，可用手转动钢丝，使引线头部在管内转动，钢丝即可前进。否则要在另一端再穿入一根引线钢丝，估计超过原有钢丝端部时，用手转动钢丝，待原有钢丝有动感时，即表明两根钢丝绞在一起，再向外拉钢丝，将原有钢丝带出。

2. 引线钢丝与导线结扎

（1）当导线数量为 2～3 根时，将导线端头插入引线钢丝端部圈内折回。

（2）如导线数量较多或截面较大，为了防止导线端头在管内被卡住，要把导线端部剥出一段线芯，并斜错排好，与引线钢丝一端缠绕，如图 4-5 所示。

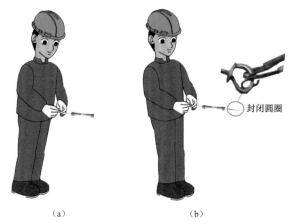

（a）　　　　　　　（b）

图 4-5　管内穿线的做法

（a）穿引钢丝；（b）牵拉导线

4.1.3　护套线配线

1. 弹线定位

（1）导线定位。根据设计图纸要求，按线路的走向，找好水平和垂直线，用粉线沿建筑物表面由始端至终端画出线路的中心线，同时标明照明器具及穿墙套管和导线分支点的位置，以及接近电气器具旁的支持点和线路转弯处导线支持点的位置，如图4-6所示。

 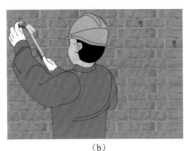

(a)　　　　　　　　　　　　　　　　　(b)

图4-6　定位

(a) 画线；(b) 预埋木砖

(2) 支持点定位。

1) 塑料护套线配线在终端、转弯中点距离为50～100mm处设置支持点。

2) 塑料护套线配线在电气器具或接线盒边缘的距离为50～100mm处设置支持点。

3) 塑料护套线配线在直线部位导线中间平均分布距离为500～1000mm处设置支持点。

4) 两根护套线敷设遇有十字交叉时交叉口处的四方50～100mm处，都应有固定点，如图4-7所示。

2. 导线固定

(1) 预埋木砖。在配合土建施工过程中，还应根据规划的线路具体走向，将固定线卡的木砖预埋在准确的位置上，如图4-8所示。预埋木砖时，应找准水平和垂直线，梯形木砖较大的一面应埋入墙内，较小的一面应与墙面平齐或略凸出墙面。

(2) 现埋塑料胀管。可在建筑装饰工程完成后，按画线定位的方法，确定器具固定点的位置，从而准确定位塑料胀管的位置。按已选定的塑料胀管的外径和长度选择钻头进行钻孔，孔深应大于胀管的长度，埋入胀管后应与建筑装饰面平齐。

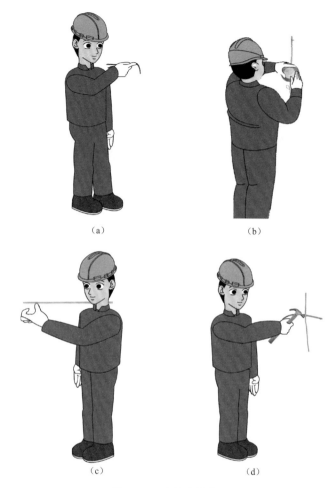

（a）   （b）

（c）   （d）

图 4-7　支持点的位置

（a）转弯；（b）终端；（c）直线；（d）交叉

（a）   （b）

图 4-8　导线固定方法

（a）预埋木砖；（b）现埋胀管

（3）铝线卡夹持步骤。

1）用自攻螺钉将铝线卡固定在预埋木砖或现埋胀管上，如图 4 - 9 所示。

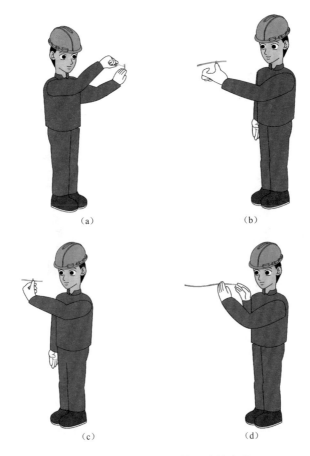

图 4 - 9　铝线卡夹持护套线步骤

（a）固定铝线夹；（b）铝线夹头穿过尾孔；（c）头部扳回；（d）安装导线

2）将导线置于线夹钉位的中心，一只手顶住支持点附近的护套线，另一只手将铝线卡头扳回。

3）铝线夹头穿过尾部孔洞，顺势将尾部下压紧贴护套线。

4）将铝线夹头部扳回，紧贴护套线。应注意每夹持 4～5 个支

持点，应进行一次检查。如果发现偏斜，可用小锤轻轻敲击突出的线卡予以纠正。

（4）铁片夹持。

1）导线安装可参照铝线夹进行，导线放好后，用手先把铁片两头扳回，靠紧护套线。

2）用钳子捏住铁片两端头，向下压紧护套线，如图4－10所示。

(a)

(b)

图4－10　铁片夹持步骤

（a）头部扳回；（b）压紧

4.1.4　塑料线槽明敷设

1. 塑料线槽无附件安装方法

（1）基本步骤。塑料线槽在转弯、交叉、分支处都要根据需要做成相应的形状，以求美观。首先画线（参考下面做法），锯掉多余部分、修理毛刺，然后把线槽用自攻螺钉固定，如图4－11所示。

（2）常用做法。

1）塑料线槽槽底用塑料胀管盒半圆头木螺钉固定在墙壁上，线槽底固定点间距及固定方法如图4－12所示。

2）塑料线槽十字交叉敷设，如图4－13所示，锯槽时要在槽盖侧边预留插入间隙。

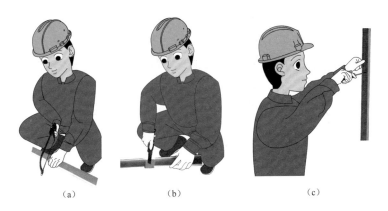

图 4 - 11　线槽无附件安装步骤

（a）锯掉；（b）修理；（c）固定

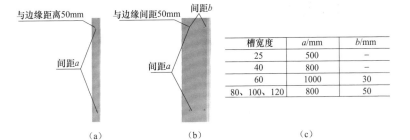

槽宽度	a/mm	b/mm
25	500	—
40	800	—
60	1000	30
80、100、120	800	50

图 4 - 12　塑料槽板无附件安装

（a）60mm 以下槽板；（b）60mm 以上槽板；（c）有关数据

3）塑料线槽分支敷设如图 4 - 14 所示。

图 4 - 14　塑料槽板分支敷设

（a）槽底；（b）带盖

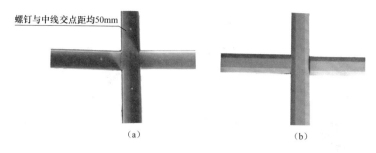

图 4 - 13　塑料槽板十字交叉敷设

(a) 槽底；(b) 带盖

4）塑料线槽转角敷设如图 4 - 15 所示。

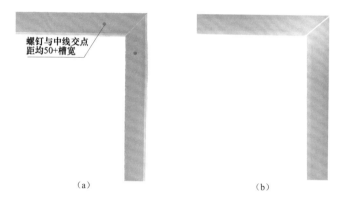

图 4 - 15　塑料槽板转角敷设

(a) 槽底；(b) 带盖

2. 明敷线槽导线敷设方法

(1) 线槽组装成统一整体并经清扫后，才允许将导线装入线槽内。清扫线槽时，可用抹布擦净线槽内残存的杂物，使线槽内外保持清洁。

(2) 放线前应先检查导线的选择是否符合设计要求。导线分色是否正确，放线时应边放边整理，不应出现挤压背扣、把结、损伤绝缘等现象，并应将导线按回路（或系统）绑扎成捆，绑扎时应采用尼龙绑扎带或线绳，不允许使用金属导线或绑线进行绑扎，导线绑扎好后，应分层排放在线槽内并做好永久性编号标志。

（3）电线或电缆在金属线槽内不宜有接头，但在易于检查的场所，可允许在线槽内有分支接头，电线电缆和分支接头的总截面（包括外护层），不应超过该点线槽内截面的 75%。

（4）强电、弱电线路应分槽敷设，消防线路（火灾和应急呼叫信号）应单独使用专用线槽敷设。

（5）同一回路的所有相线和中性线（如果有），应敷设在同一线槽内。

（6）同一路径无防干扰要求的线路，可敷设于同一金属线槽内。但同一线槽内的绝缘电线和电缆都应具有与最高标称回路电压回路绝缘相同的绝缘等级。

（7）线槽内电线或电缆的总截面（包括外护层）不应超过线槽内截面的 20%，载流电线不宜超过 30 根。

（8）控制、信号或与其相类似的非载流导体，电线或电缆的总截面不应超过线槽内的 50%，电线或电缆根数不限。

（9）在线槽垂直或倾斜敷设时，应采取措施防止电线或电缆在线槽内移动，造成绝缘损坏、拉断导线或拉脱拉线盒（箱）内导线。

（10）引出线槽的配管管口处应有护口，电线或电缆在引出部位不得遭受损伤。

4.2 导线连接与绝缘恢复

4.2.1 单股导线的连接

1. 直接连接

（1）将两线相互交叉成 X 状。

（2）用双手同时把两芯线互绞两圈后，再扳直与连接线成 90°。

（3）将每个线芯在另一线芯上缠绕 5 回，剪断余头。

X 状绞接法适用于 4.0mm² 及以下单芯线连接，如图 4 - 16 所示。

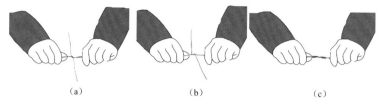

图 4-16　单股铜芯导线直线连接

（a）X状交叉；（b）扳直；（c）缠绕

2. 分支接法

（1）用分支的导线的线芯往干线上交叉。

（2）先粗卷 1～2 圈（或打结以防松脱），然后再密绕 5 圈，余线剪掉，如图 4-17 所示。

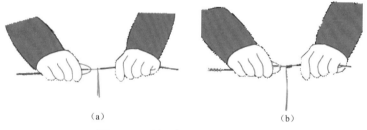

图 4-17　单股铜芯导线分支连接

（a）交叉；（b）缠绕 5 回

T 字绞接法适用于 4.0mm^{2}以下的单芯线。

4.2.2　七股导线的连接

1. 七股铜芯线的直接连接法

（1）将剥去绝缘层的芯线逐根拉直，绞紧占全长 1/3 的根部，把余下 2/3 的芯线分散成伞状。把两个伞状芯线隔根对插，并捏平两端芯线。

（2）把一端的 7 股芯线按 2、2、3 根分成三组，接着把第一组 2 根芯线扳起，按顺时针方向缠绕 2 圈后扳直余线。

（3）再把第二组的 2 根芯线，按顺时针方向紧压住前 2 根扳直的余线缠绕 2 圈，并将余下的芯线向右扳直。再把下面的第三组的 3 根芯线按顺时针方向紧压前 4 根扳直的芯线向右缠绕。缠绕 3 圈后，弃去每组多余的芯线，钳平线端。

（4）用同样的方法再缠绕另一边芯线，如图 4 – 18 所示。

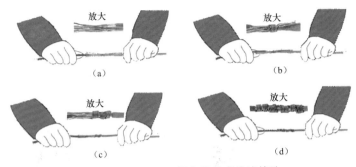

图 4 – 18　七股铜芯线的直线连接法

（a）分散对插；（b）第一组缠绕；（c）缠绕一端；（d）缠绕另一端

2. 七股铜芯线的 T 字分支接法

（1）把支路芯线松开钳直，将近绝缘层 1/8 处线段绞紧，把 7/8 线段的芯线分成 4 根和 3 根两组，然后用螺钉旋具将干线也分成 4 根和 3 根两组。

（2）将支线中一组芯线插入干线两组芯线间。

（3）把右边 3 根芯线的一组往干线一边顺时针紧紧缠绕 3～4 圈。

（4）再把左边 4 根芯线的一组按逆时针方向缠绕 4～5 圈，钳平线端并切去余线，如图 4 – 19 所示。

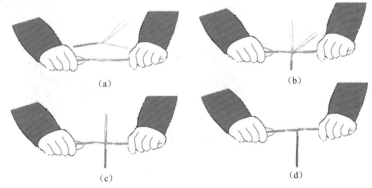

图 4 – 19　七股铜芯导线 T 字连接

（a）分组；（b）插入；（c）一侧缠绕；（d）另一侧缠绕

4.2.3 导线绝缘恢复

1. 直线连接包扎

（1）绝缘带应先从完好的绝缘层上包起，先从一端1～2个绝缘带的带幅宽度开始包扎。

（2）在包扎过程中应尽可能地收紧绝缘带，包到另一端在绝缘层上缠包1～2圈，再进行回缠，如图4-20所示。

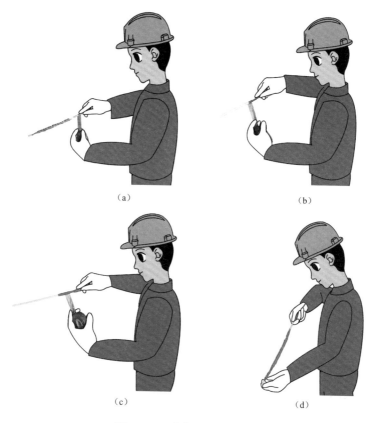

（a）　　　　　　　　　　　　　　（b）

（c）　　　　　　　　　　　　　　（d）

图4-20　直线连接绝缘包扎

（a）位置确定；（b）缠包第一层；（c）回缠绕；（d）封住端口

（3）应半叠半包缠不少于2层。

（4）要衔接好，应用黑胶布的黏性使之紧密地封住两端口，并防止连接处线芯氧化。

2. 并接头包扎

（1）将高压绝缘胶布拉长 2 倍，并注意其清洁，否则无黏性。

（2）包缠到端部时应再多缠 1~2 圈，然后由此处折回反缠压在里面，应紧密封住端部。

（3）连接线中部应多包扎 1~2 层，使之包扎完的形状呈枣核状。还要注意绝缘带的起始端不能露在外部，终了端应再反向包扎 2~3 回，防止松散，如图 4 - 21 所示。

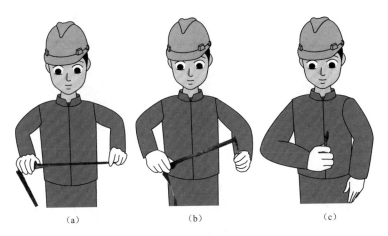

（a）   （b）   （c）

图 4 - 21 并接头绝缘恢复

（a）拉长 2 倍；（b）端部多包 1~2 圈；（c）包成枣核状

4.3 照 明 安 装

4.3.1 开关和插座安装

1. 拉线开关明装

按安装位置先预置木榫或膨胀夹，然后把两个线头穿入木台的穿线孔内，固定好木（塑）台，再把两个线头分别穿入开关底座的两个穿线孔内，用两枚木螺钉将开关底座固定在木（塑）台

上，把导线分别接到接线桩上，最后拧上开关盖。步骤如图 4 - 22 所示。注意拉线口应垂直朝下不使拉线口发生摩擦，防止拉线磨损断裂。

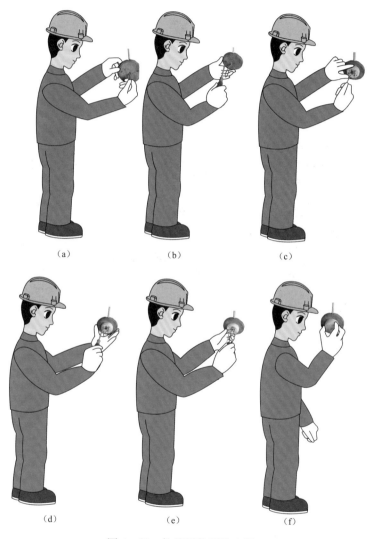

图 4 - 22　拉线开关明装步骤

(a) 木台穿线；(b) 固定木台；(c) 底座穿线；(d) 底座固定；

(e) 接线；(f) 安装护罩

2. 翘板开关明装

（1）安装位置：灯开关的安装位置应便于操作，开关按要求一般距离地面 1.3m。医院儿科门诊、病房灯开关不应低于 1.5m。拉线开关一般距地面 2～3m 或距顶棚 0.25～0.3m，灯开关安装在门旁时距离门框边 0.15～0.2m。

（2）安装步骤：按安装位置预埋木榫或膨胀夹，将八角盒固定在墙上，导线穿入八角盒内并与线桩连接，固定内板，最后安装面板，如图 4-23 所示。

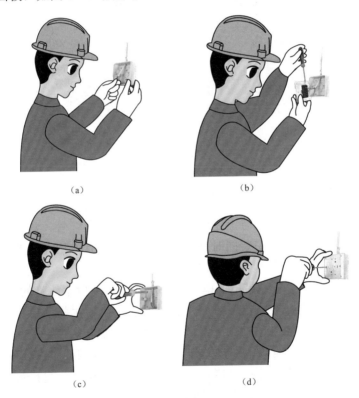

图 4-23　翘板开关明装步骤

（a）穿线；（b）接线；（c）固定线盒；（d）安装底板

（3）应该注意的是，翘板开关无论是明装还是暗装，均不允许横装，即不允许把手柄处于左右活动位置，因为这样安装容易

因衣物勾拉而发生开关误动作。

3. 翘板开关暗装

（1）暗装翘板开关穿线后可以将导线连接在接线桩上。

（2）将底板直接固定在八角盒上。

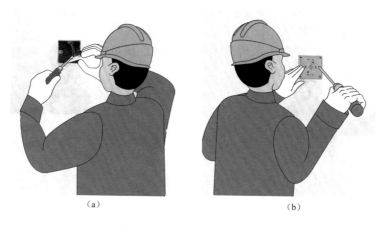

　　　　　　（a）　　　　　　　　　　　　　　　　（b）

图 4-24　翘板开关暗装步骤

(a) 接线；(b) 固定

4. 插座明装

（1）插座安装前与土建施工的配合以及对电气管、盒的检查清理工作应同开关安装同时进行。暗装插座应有专用盒，严禁无盒安装，明装步骤如图 4-25 所示。

（2）插座是长期带电的电器，是线路中最易发生故障的地方，插座的接线孔都有一定的排列位置，不能接错，尤其是单相带保护接地的三孔插座，一旦接错，就容易发生触电伤亡事故。插座接线时，应仔细辨认识别盒内分色导线，正确地与插座进行连接。面对插座，单相双孔插座应水平排列，右孔接相线，左孔接中性线；单相三孔插座，上孔接保护地线（PEN），右孔接相线，左孔接中性线；三相四孔插座，保护接地（PEN）应在正上方，下孔从左侧分别接在 L1、L2、L3 相线。同样用途的三相插座，相序应排列一致。

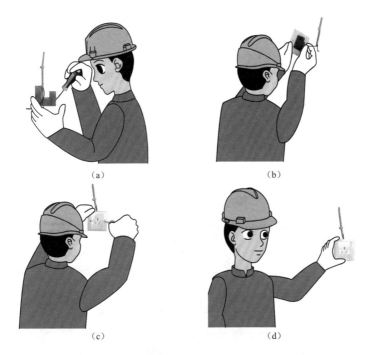

（a）   （b）

（c）   （d）

图 4-25　插座明装步骤

（a）安装固定板；（b）接线；（c）固定底板；（d）安装面板

（3）插座接线完成后，将盒内安装在导线顺直，也盘成圆圈状塞入盒内。

（4）插座面板的安装不应倾斜，面板四周应紧贴建筑物表面，无缝隙、孔洞。面板安装后表面应清洁。

（5）埋地时还可埋设塑料地面出现盒，但盒口调整后应与地面相平，立管应垂直于地面。

4.3.2　灯具的安装

1. 软线吊灯的安装

（1）软线加工。截取所需长度（一般为 2m）的塑料软线，两端剥出线芯拧紧（或制成羊眼圈状）挂锡。

（2）灯具安装。拧下吊灯座和吊线盒盖，将电源线穿过木

（塑料）台孔洞并按安装位置固定牢木（塑料）台，将电源线固定于木（塑料）台的接线柱上，然后将软线穿过吊线盒盖的孔洞，打好保险扣，防止灯座和吊线盒螺钉承受拉力。将软线的一端与灯座的两个接线柱分别连接，另一端与吊线盒的邻近隔脊的两个接线柱分别相连接，拧好灯座螺口及中心触点的固定螺钉，防止松动，最后将灯座盖拧好，吊盒内保险扣做法如图 4-26 所示。

图 4-26　软线吊灯的安装步骤

(a) 结扣；(b) 灯头接线；(c) 灯头组装；(d) 接线盒安装；

(e) 接线盒接线；(f) 安装盒盖

2. 吊杆灯安装

（1）灯具组装。软线加工后，与灯座连接好，将另一端穿入吊杆内，由法兰（导线露出管口长度不应小于150mm）管口穿出。

（2）灯具安装。明装吊杆灯可把灯具直接固定在膨胀夹上，也可用木螺钉固定在木台上。超过3kg的灯具，吊杆应挂在预埋的吊钩上。灯具固定牢固后再拧好法兰顶丝，应使法兰在木台中心，偏差不应大于2mm，安装好后吊杆应垂直，如图4-27所示。

（a）　　　　　　　　　（b）

（c）　　　　　　　　　（d）

图4-27　吊杆灯安装步骤

（a）穿线；（b）接线；（c）固定灯头；（d）安装护罩

3. 简易吊链式荧光灯安装

（1）软线加工。根据不同需要截取不同长度的塑料软线，各连接线端均应挂锡。

（2）灯具组装。

1）把两个吊线盒分别固定在膨胀夹上。

2）将吊链与吊环安装为一体，并将吊链上端与吊线盒盖用 U 形铁丝挂牢，下端与灯架用 U 形铁丝挂牢。

3）将电源线与灯架内部管脚接线，并用尼龙扎带将电源线固定在吊链上。

4）最后安装上灯管和启辉器，如图 4 - 28 所示。

图 4 - 28　简易吊链式荧光灯安装步骤

（a）插入吊链；（b）固定灯箱；（c）接线；（d）安装反光板

4. 壁灯的明装

（1）安装方法。

1）先将底座和支架组装在一起。

2）将固定板安装在八角盒上。

3）将固定螺栓穿过固定板孔。

4）将灯位盒内与电源线相连接，将接头处理好后塞入灯位盒内。

5）将灯具底座用螺栓固定在八角盒内固定板上。如图 4 - 29 所示。

图 4 - 29　壁灯明装步骤

（a）组合底座；（b）组装支架；（c）安装固定板；

（d）安装底座螺栓；（e）连接电源线；（f）固定

（2）其他做法的要求。

1）如果壁灯安装在柱上，将木台固定在预埋柱内的木砖或螺栓上，也可打眼用膨胀螺栓固定灯具木台。

2）安装壁灯如需要设置木台时，应根据灯具底座的外形选择或制作合适的木台，把灯具底座摆放在上面，四周留出的余量要对称，确定好出线孔和安装孔位置，再用电钻在木台上钻孔。当安装壁灯数量较多时，可按底座形状及出线孔和安装孔的位置，预先做一个样板，集中在木台上定好眼位，再统一钻孔。

3）如果灯具底座固定方式是钥匙孔式，则需在木台适当位置上先拧好木螺钉，螺钉头部留出木台的长度应适当，防止灯具松动。

4）同一工程中成排安装的壁灯，安装高度应一致，高低差不应大于5mm。

5. 防水吸顶灯安装

（1）在确定好的灯位处，安装好木榫或膨胀夹，然后将导线穿过进线孔后，固定灯具底板，在底板与顶棚之间要垫入薄绝缘胶板，以增加防潮性能。

（2）连接灯头与电源线并将灯头固定在底板上，最后安装灯罩。过程如图4-30所示。注意密封垫一定不能省掉。

6. 荧光灯吸顶安装

（1）根据安装位置打孔预埋木榫或安装塑料胀夹，然后将导线穿入灯箱孔。

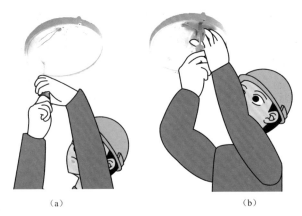

(a)　　　　　　　　　　　　(b)

图4-30　防水吸顶灯安装步骤（一）

(a) 安装底座；(b) 接线

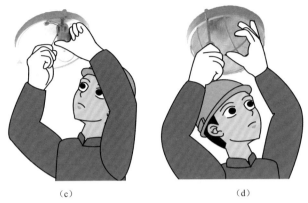

（c） （d）

图 4 - 30 防水吸顶灯安装步骤（二）

（c）安装灯头；（d）安装护罩

（2）将灯箱固定在棚顶。

（3）连接电源线，最后安装反光板，如图 4 - 31 所示。

（a） （b）

（c） （d）

图 4 - 31 荧光灯吸顶安装步骤

（a）穿线；（b）固定；（c）接线；（d）安装反光板

5

变频调速基本知识

5.1 变频调速的组成及调速原理

5.1.1 变频调速的基本原理

1. 异步电动机常用调速方法

异步电动机的转速公式为

$$n = \frac{60f_1}{p}(1-s) \qquad (5-1)$$

式中　n——转子速度（r/min）；

　　　f_1——电源频率（Hz）；

　　　p——磁极对数；

　　　s——转差率。

由上述公式可知，它的调速方法主要有：改变磁极对数 p、改变转差率 s、改变电源频率 f_1 三种。

改变电源频率 f_1 时，转子转速 n 也随之改变，利用频率改变调节电动机的转速可以实现平滑调速，频率的改变是在专用设备上完成的。

2. 交—直—交变频器原理

交—直—交变频器又称通用变频器，它基本是由整流器和无源逆变器组合而成。其基本原理就是由整流器将交流变为直流，然后无源逆变器把直流变换为可调的交流电。基本原理框图如图 5-1 所示。对于具有再生制动的变频器，图中的整流器和逆变器是互逆的。

交—直—交变频器按其与负载的无功功率交换所采用的储能元件不同，可分为电流型变频器（采用大电感作为直流中间环节）和电压型变频器（采用大电容作为直流中间环节）；按其输出电压调解方式分为脉冲幅值调解方式 PAM 和脉冲宽度调制调解方式 PWM。脉冲宽度调制，根据载波的不同又可分正弦波的 PWM 方式和高频载波的 PWM 方式；按其采用的控制方式不同又可分为 U/f 控制型、转差频率控制型和矢量控制型。此外还可按所采用开关器件来分类。交—直—交变频器一般由主电路部分和控制电路部分组成。

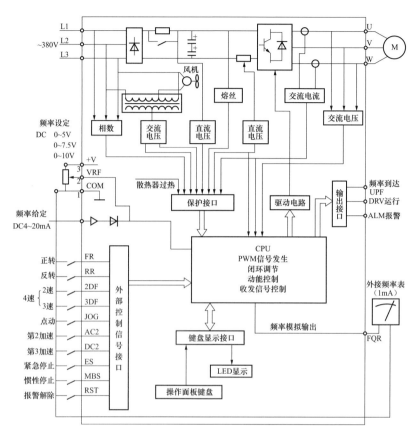

图 5-1 交—直—交变频器组成框图

（1）主电路部分。主电路是由整流滤波和逆变回路组成，如图 5-1 的上半部分。整流部分可分为可控整流和不可控整流，根据输入电源的相数可分为单相（小型变频器）和三相桥式整流。它把交流变为脉动直流，再经过滤波器变为直流电。其中滤波器部分分为电容和电感两种。采用电容滤波具有电压不能突变的特点，可使直流电的电压波动较小，输出阻抗比较小，相当于直流恒压源，这种变频器称为电压型变频器。而电感滤波具有电流不能突变的特点，可使直流电流波动比较小，由于串在回路中，输出阻抗比较大，相当于直流恒流源，这种变频器称为电流型变频器。

直流电经过逆变器变换为频率可调的三相交流电，它是一个三相逆变桥电路，六个桥臂的电力三极管是由受控制电路控制其导通、关断，把直流变成频率可调的三相相位相差 120°的交流电压或电流，提供给三相异步电动机。

此外，还有制动电路。对于再生制动，把能量反馈给电网的变频器，它是把上述的两个变流装置功能互为转换，整流器工作在有源逆变状态，而逆变器工作在整流状态，把电动机轴上动量转换为三相交流电送上电网，与上述变频过程相反。而对于整流器是不可控整流的，就无法进行有源逆变，这时在直流回路中，接入一个能耗电阻 R，把上述逆变器处于整流工作状态输出的电能消耗在电阻上。控制三极管的开关频率，就可以控制能耗制动的大小。还有一种是电动机本身的能耗制动，这时逆变器输出一个直流电，使电动机进行能耗制动。

（2）控制部分。变频器的控制电路多种多样。它依据电动机的调速特性和运动特性，对供电电压、电流、频率进行控制。按其控制方式来分，可分为开环和闭环控制。开环控制是指 U/f 控制或称比例控制，而闭环控制是引入转速反馈。此外，它又可分为转差频率控制和矢量控制。

1）U/f 控制方式（VVVF）。异步电动机的同步转速是由电源频率和极对数决定的。当采用变频调速器，若电动机电源频率改变，其内部参数也随着相应改变。即

$$\Phi_m = \frac{U}{4.44 f_1 kN} \tag{5-2}$$

式中　　Φ_m——最大磁通量（Wb）；

　　　　U——交流电压（A）；

　　　　f_1——电源频率（Hz）；

　　　　k——绕组系数；

　　　　N——线圈匝数。

在上述公式中，当 U 不变时，Φ_m 就随 f_1 变化。f 增加就会出现弱磁，使电动机转矩明显减少；当 f_1 减小时，磁路饱和，使电动机的功率因数和效率显著下降。可见，要保持电动机气隙磁通

Φ_m 基本不变，调节 f_1 时必须同时调节 U，使得 U/f 的比例为常数，这样电动机在较大调速范围内，效率和功率因数保持较高水平。

2) 转差频率控制要求。

由于 U/f 控制，在负载发生变化时，电动机的转速也随之改变，故其精度比较差。为此，采用转速传感器，求出转差率 Δf，把它与给定转速的频率相叠加，作为新的负载下的给定值，来补偿转差率，使电动机在原给定转速，保证了系统的控制精度。由于能够任意控制与转矩、电流有直接关系的转差频率，它与 U/f 控制方式相比，其加减速特性和限制过流的能力提高。但是，采用转速传感器来求取转差频率，是针对某一具体电动机的机械特性调整参数，所以它只能单机运行控制。

3) 矢量控制方式。矢量控制原理特点是根据交流电动机的动态数学模型，采用坐标变换，将定子电流分解成产生磁场的电流分量（励磁电流 i_{m1}）和与磁场垂直的产生电磁转矩的电流分量（转矩电流 i_{t1}），然后进行任意控制。即模仿自然解耦的直流电动机的控制方式，对电动机的磁场和转矩分别控制，从而获得像直流电动机的调速系统性能。因此，矢量控制是测量电动机定子电压和电流，计算出实际的励磁电流 i_{m1} 和转矩 i_{t1}，然后与给定值比较，经过高性能的调节器，输出信号作为励磁电流、转矩电流（或称有功电流）的设定值，经过门阵列电路来控制逆变器输出的频率和电压大小。

4) 控制电路的组成与功能。变频器的控制电路目前都采用微机控制，与一般微机控制系统没有什么本质区别，它是专用型的，一般有输入信号接口电路、CPU、存储器、输出接口电路及人机界面电路等。它要完成的功能有：人机对话，接受从外部控制电路输入的各种信号，如正转、反转、紧急停车等；接受内部的采样信号，如主电路中电压、电流采样信号，各部分温度信号，各逆变管工作状态的采样信号等；完成 SBWM 调制，将接受的各种信号进行判断和综合运算，产生相应的 SBWM 调制指令，并分配给各逆变管的驱动电路；显示各种信号或信息；发出保护指令，进行保护动作；向外电路提供控制信号及显示信号。

5.1.2 富士（FRENIC5000）变频器的基本结构

1. 富士变频器的外观

富士变频器的外观如图 5-2 所示。

2. 控制端子

富士变频器的端子布置如图 5-3 所
示。端子名称见表 5-1。

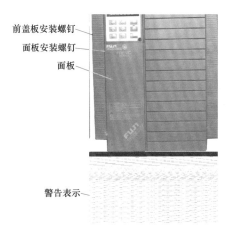

前盖板安装螺钉
面板安装螺钉
面板

警告表示

图 5-2　富士变频器产品外观

图 5-3　控制端子布置

表 5-1　　　　　　　　　端 子 名 称

分类	端子标记	端子名称	端 子 名 称
模拟量输入	13	电位器用电源	频率设定电位器（1~5kΩ）用电源（+10V DC）
	12	设定电压输入	(1) 按外部模拟量输入电压命令值设定频率 1）DC0~+10V/0~100% 2）按±极性信号控制可逆运行：0~+10V/0~100% 3）反动作运行：+10V~0/0~100% (2) 输入 PID 控制的反馈信号 (3) 按外部模拟输入电压命令值进行转矩控制 输入阻抗 22kΩ

续表

分类	端子标记	端子名称	端　子　名　称
模拟量输入	C1	电流输入	(1) 按外部模拟输入电流命令值设定频率 1) 4～20mA DC/0～100% 2) 反动作运行 20～4mA DC/0～100% (2) 输入 PID 控制的反馈信号 (3) 通过增加外部电路可连接 PTC 电热 输入阻抗 250Ω
	11	模拟输入信号公共端	模拟输入信号的公共端子
接点输入	FWD	正转运行命令	闭合（ON）正转运行；断开（OFF）减速停止
	REV	反转运行命令	闭合（ON）反转运行；断开（OFF）减速停止
	X1	选择输入 1	按照规定，端子 X1～X9 的功能可选择作为电动机自由旋转外部报警、报警复位、多步频率选择等命令信号
	PLC	PLC 信号电源	连接 PLC 的输出信号电源（额定电压 24V DC）
	CM	接点输入公共端	接点输入信号的公共端子
模拟输出	FMA	模拟监视	
脉冲输出	FMP	频率值监视	
晶体管输出	Y1	晶体管输出 1	变频器以晶体管集电极开路方式输出各种监视信号，如正在运行、频率到达、过载预报等信号。共有 4 路晶体管输出信号
	CME	晶体管输出公共端	晶体管输出信号的公共端子 端子 CM 和 11 在变频器内部相互绝缘
接点输出	30A、30B、30C	总报警输出继电器	变频器停止报警后，通过继电器接点输出 接点容量 AC250V0.3A cosφ=0.3 （低电压指令对应时为 DC48V0.5A） 可选择在异常时励磁
	Y5A、Y5C	可选信号输出继电器	可选择在 Y1～Y4 端子类似的选择信号作为其输出信号，接点总容量和总报警继电器相同

分类	端子标记	端子名称	端　子　名　称
通信	DX＋、DX－	RS485通信输入/输出	RS485通信的输入/输出信号端子。采用菊花链方式可最多连接31台变频器
	SD	通信电缆屏蔽层连接端	连接通信电缆屏蔽层。此端子在电气上浮置

3. 总接线图

富士（FRENIC5000）变频器总接线图如图5-4所示。

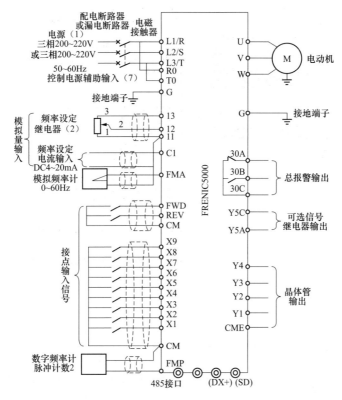

图5-4　富士（FRENIC5000）变频器总接线图

5.2 操作面板的使用

5.2.1 操作面板介绍

变频器安装有操作面板，面板上有按键、显示屏和指示灯，通过观察面板和指示灯来操作按键，可以对变频器进行各种控制和功能设置，富士（FRENIC5000）变频器的操作面板如图 5-5 所示。

LED监视器
7段LED 4位数显示
显示设定频率、输出频率等各种监视数据以及报警代码等。

LED监视器的辅助指示信息
LED监视器显示数据单位、倍率等，下面以符号■指示。符号▲表示后面还有其他画面。

LCD监视器
以最低行轮换方式显示从运行状态到功能数据等各种信息。

LCD监视器指示信号
显示下列运行状态之一：
FWD:正转运行 REV：反转运行 STOP:停止
显示选择的运行模式：
REM：端子台 LOC：键盘面板
COMM：通信端子 JOG:点动模式
另外，符号▼表示后面还有其他画面

RUN LED:(仅键盘面板操作时有效)
按FWD或REV键输入运行命令时点亮

操作键
用于更换画面、变更数据和设定频率等

图 5-5 富士（FRENIC5000）变频器的操作面板

操作键功能见表 5-2。

表 5-2 操作键功能

名称	主要功能
PRG	由现行画面转换为菜单画面，或者在运行/跳闸模式转换至初始画面
FUNC DATA	LED 监视更换，设定频率输入，功能代码数据存入

名称	主要功能
∧ ∨	数据变更，游标上下移动（选择），画面轮换
SHIFt ››	数据变更时数位移动，功能组跳跃（同时按此键和增/减键）
RESE	数据变更取消，显示画面转换，报警复位（仅在报警初始画面显示时有效）
STOP + ∧	通常运行模式和点动运行模式可相互转换切换（模式相互切换）。模式在 LCD 监视器中显示。本功能仅在键盘面板运行时（功能码 F02 数据为 0）有效
STOP + RESET	键盘面板和外部端子信号运行方法的切换（设定数据保护时无法切换）。同时对应功能码 F02 的数据也相互在 1 和 0 之间切换，所选模式显示于 LCD 监视器

5.2.2 操作面板的操作

1. 键盘面板操作体系（LCD 画面、层次结构）

（1）正常运行时。键盘面板操作体系（画面转换层次结构）的基本结构如下。

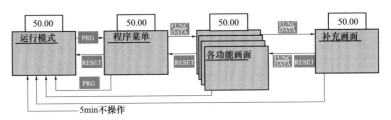

但 5min 不能操作的话自动转入运行模式。

（2）报警发生时。保护功能动作，即发生报警时，键盘面板将由正常运行时的操作体系自动转换为报警时的操作体系。报警发生时出现的报警模式画面显示各种报警信息。至于程序菜单、各功能画面和补充画面仍和正常运行时的一样，但是由程序菜单转换为报警模式只能 PRG 键，此外 5min 不操作，会自动进入报警模式。

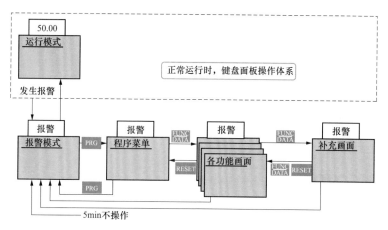

（3）各种层次显示内容概要。具体参见表5-3。

表5-3　　　　键盘面板各种层次显示内容概要

序号	层次名	内　　容
（1）	运行模式	正常运行状态画面，仅在此画面显示时，才能由键盘面板设定频率以及更换 LED 的监视内容
（2）	程序菜单	键盘面板的各功能以菜单方式显示和选择，按照菜单选择必要的功能，按$\frac{FUNC}{DATA}$键，即能显示所选功能画面。键盘面板的各种功能（菜单）如下所示

（续表内嵌）

序号	菜单名称	概　　要
①	数据设定	显示功能代码和名称，选择所需功能，转换为数据设定画面，进行确认和修改数据
②	数据确认	显示功能代码和数据，选择所需功能，进行数据确认，可转换为和上述一样的数据设定画面，进行修改数据
③	运行监视	监视运行状态，确认各种运行数据
④	I/O 检查	作为 I/O 检查，可以对变频器和选件卡的输入/输出模拟量和输入/输出接点的状态进行检查
⑤	维护信息	作为维护信息，能确认变频器状态、预期寿命、通信出错情况和 ROM 版本信息等

序号	层次名	内 容			
(2)	程序菜单	序号	菜单名称	概 要	
		⑥	负载率	作为负载测定,可以测定最大和平均电流以及平均制动功率	
		⑦	报警信息	借此能检查最新发生报警时的运行状态和输入/输出状态	
		⑧	报警原因	能确认最新报警和同时发生的报警以及报警历史。选择报警和按 FUNC DATA 键,即可显示报警原因以及故障诊断内容	
		⑨	数据复写	能将记忆在一台变频器中的功能数据复写到另一台变频器中	
(3)	各功能画面	显示按程序菜单选择的功能画面,借以完成功能			
(4)	补充画面	作为补充画面,在单独的功能上显示未完成功能(例如变更数据、显示报警原因)			

2. 键盘面板操作方法

(1) 运行模式。变频器正常运行面板包括一个显示器运行状态和操作指导信息,以及另一个由棒图显示运行数据的画面,两者可用功能 E45 进行切换。

1) 操作指导(E45=0)。

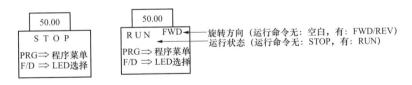

2) 棒图(E45=1)。

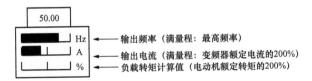

（2）频率数字设定方法。显示运行模式画面，按 ∧ ∨ 键，LED 显示设定频率值。开始时，按最小单位数据增加或减小，继续按着 ∧ ∨ 键，则增加或减小速度加快。

另外，可用 SHIFt>> 任意选择要改变数据的位，直接改变设定数据，需要保存设定频率时，按 FUNC DATA 键将它存入存储器。

按 RESE PRG 键恢复运行模式。

若不选择键盘面板设定，则这时的频率设定模式将显示在 LCD 上。

当选用 PID 功能时，可根据过程值设定 PID 命令（详细参阅有关技术资料）。

注意：键盘面板的频率初始值为 0.00Hz，要保存修改后的频率，要在修理频率设定后，在第 7 块 LED 高速闪烁的 5s 内按 FUNC DATA 键，这样设定频率会被保存在变频器内部，如果超过 5s，即使按 FUNC DATA 键也无法保存修改后的频率。

1）数字（键盘面板）设定时（F01＝0 或 C30＝0）。

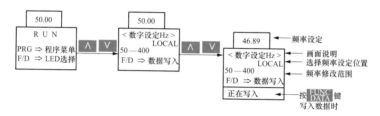

2）非数字设定。

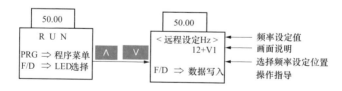

（3）LED 监视内容更换。在正常运行模式下，按 FUNC DATA 键，可更换 LED 监视器的监视内容。电源投入时，LED 监视器显示的内容由功能（E43）设定（见表 5-4）。

表 5 - 4   由功能（E43）设定的监视器显示内容

E43	停止中		运行中 (E44＝0.1)	单位	备注
	（E44＝0）	（E44＝1）			
0	频率设定值	输出频率1（转差补偿后）		Hz	
1	频率设定值	输出频率2（转差补偿后）			
2	频率设定值	频率设定值			
3	输出电流	输出电流		A	
4	输出电压（命令值）	输出电压（命令值）		V	
5	同步转速设定值	同步转速		r/min	在于4位数时，丢弃低位数，由指示器的×10，100作为标识
6	线速度设定值	线速度		m/min	
7	负荷转速设定值	负载转速		r/min	
8	转矩计算值	转矩计算值		％	有±指示
9	输入功率	输入功率		kW	
10	PID命令值	PID命令值		—	仅当PID动作选择有效值时才显示
11	PID远方命令值	PID远方命令值		—	
12	PID反馈量	PID反馈量		—	

（4）菜单画面。按 PRG 键，可显示以下菜单画面，一个画面只能显示一个项目。按 ∧ ∨ 键，可移动游标，选择项目。按 FUNC DATA 键，显示相应项目的内容。

只能同时显示4个菜单。

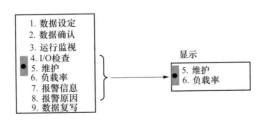

（5）功能数据设定方法。从运行模式画面转到编辑菜单画面，选择"1.数据设定"后，显示有功能码和名称的功能码选择画面，

因此再选择所需功能码。

功能码由字母和数字组成，每个功能组由一组大写字母表示（见表5-5）。

表5-5   功能码及其表示功能

功能码	功能	备注
F00～T42	基本功能	
E01～E47	端子功能	
C01～C33	控制功能	
P01～P09	电动机1参数	
H03～H39	高级功能	—
A01～A18	电动机2功能	
U01～U61	用户功能	
O01～O55	可选功能	仅在连接有选件卡时可选用

选择功能时，用 ›› ＋ ∧ 或 ›› ＋ ∨ 键可按功能组作为单位进行转换，便于大范围快速选择所需功能。

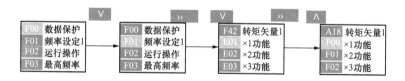

选择所需功能按 FUNC DATA 键入数据设定画面。

在数据画面上，用 ∧ ∨ 功能，以 LOD 显示数据的最小单位增大或减小数据，持续按着 ∧ ∨ 键，数据变更将进位或退位，同时，变更的速度变快。

另外，›› 可任意选择数位，直接设定数据，变更的数据和变更前的原始数据同时显示，可用于参考对照，一旦数据确定，可按 FUNC DATA 键将数据写入存储器。如考虑不要改变数据，则可在写入前按 RESET 键，恢复功能选择画面，变更的数据用 FUNC DATA 键存入存储器后，将变为有效的运行数据，数据仅变更，不写入，将不影响变频器的运行。注意，在变频器处于数据保护状态或某些功能数据在变频器运行时不能变更等情况，变更数据必须变更条件，不能变更数据的原因和解除方法见表 5 - 6。

表 5 - 6   不能变更数据的原因和解除方法

显示	不能变更原因	解除方法
链接优先	RS - 485 链接选件正在写入功能数据	①输入取消由 RS - 485 写入命令 ②终止链接选择写入动作
无许可信号（WE）	有扩展输入端子选择功能为数据变更允许命令	在功能 E01～E09 中，对选择数据 19（数据变更允许命令）的端子，使其为 ON
数据保护	功能 F00 选择数据保护	使功能 F00 的数据改写为 "0"
正在运行	变频器正在运行，该功能属于变频器运行时不允许改变数据的功能	停止变频器运行
有 FWD/REV 选择	FWD/REV 指令有效间禁止变更的功能无法改变	断开 FWD/REV 运行命令

（6）功能数据确认方法。由运行模式画面转换为程序菜单画面，选择 "2. 数据确认"，然后，显示功能代码及其数据的功能选择画面，选择所需功能，确认其数据。

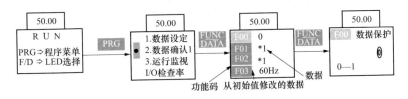

选择功能后再按 FUNC DATA 键，可转换为功能数据设定画面。

（7）运行状态监视。运行模式画面转换为程序菜单画面，选择 "3. 运行监视"，显示变频器当时的运行状态，运行状态监视共有 4 个画面，可用 ∧ ∨ 键进行变更，按各画面数据确认运行状态。

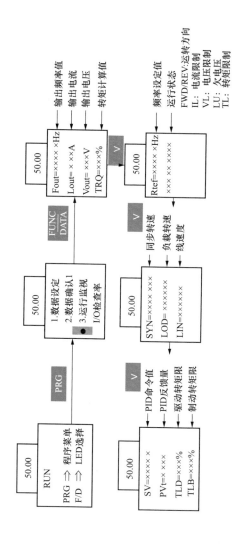

160

5.3 变频器的应用与维护

5.3.1 变频器电路示例

1. 单向点动与连续运行电路

合上电源开关 QF，如图 5-6 所示。点动时按下 SB3 电动机启动运行，松开 SB3 电动机停止。

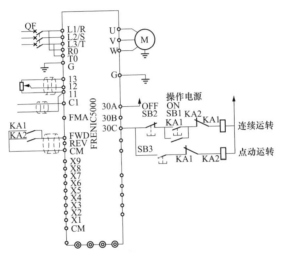

图 5-6　变频器控制的点动与连续运转电路

连续时按下 SB1 中间继电器 KA1 得电并自保，电动机启动运行，按下 SB2 电动机停止。

转速的调节通过改变电位器阻值实现。

2. 双向运转电路

合上电源开关 QF，如图 5-7 所示。正向运转时按下 SB1，中间继电器 KA1 得电并自保，电动机正向起动运行。

反向运转时按下 SB2，中间继电器 KA2 得电并自保，电动机反向起动运行。按下 SB3 电动机停止。

电源通过故障信号动断触点接入，这样一旦变频器出现故障，控制电路断开，电动机停止运行。

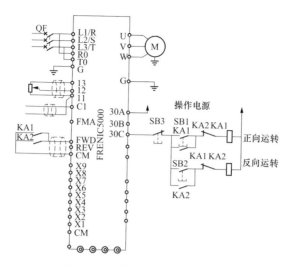

图 5-7　变频器控制的双向运转电路

变频器的拆卸

1. 键盘面板的拆卸

（1）松开键盘面板固定螺钉。

（2）手指伸入面板侧面的开口部位，慢慢将其取出，注意不要用力过猛，否则易损坏其连接器，如图 5-8 所示。

（a）　　　　　　　　　　　　　　　　（b）

图 5-8　变频器键盘面板拆卸

（a）拆卸螺钉；（b）取下面板

2. 前盖板的拆卸

（1）松开前盖板固定螺钉。

（2）握住盖板上部，取下盖板螺钉，卸下前盖板。如图 5 - 9 所示。

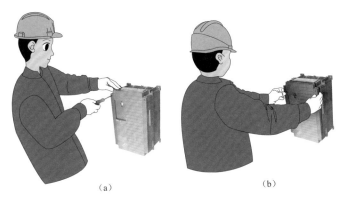

（a）   （b）

图 5 - 9　变频器前盖板拆卸

（a）松开螺钉；（b）取下盖板

6

PLC 基本知识

6.1 PLC 概 述

可编程序控制器（PLC）吸收了微电子技术和计算机技术的最新成果，发展十分迅速。从单机自动化到整条生产线的自动化，乃至整个工厂的生产自动化，PLC 均担当着重要角色。PLC 的应用最普遍，它在工厂自动化设备中占据第一位。

6.1.1 PLC 的特点

（1）功能齐全。PLC 具有开关量及模拟量输入/输出、逻辑和算术运算、定时、计数、顺序控制、PID 闭环回路控制、智能控制、人—机对话、记录和图像显示、通信联网、自诊断等功能。

（2）应用灵活。其标准的积木式硬件结构以及控制程序可变、很好的柔性，使得它不仅可以适应大小不同、功能繁杂的控制要求，而且可以适应各种工艺流程变更更多的场合。

（3）容易掌握。PLC 采用梯形图编程，使用户可以十分方便地读懂程序和编写、修改程序。PLC 带有完善的监视和诊断功能，对其内部的工作状态、通信状态、I/O 点状态和异常状态均有显示；操作和维修人员可及时了解机器的工作状态或故障点。

（4）稳定可靠。PLC 可适应恶劣的工业应用环境。一般 PLC 的硬件都采用屏蔽、电源采用多级滤波、I/O 回路采用光电隔离等措施以提高硬件可靠性，软件方面采用了故障检测和自诊断等措施。

6.1.2 PLC 的分类

PLC 可以按照规模、硬件结构、功能强弱三种方法进行分类，这里仅介绍按照 I/O 点数和程序容量分类法。

输入/输出（I/O）单元是 PLC 与被控对象间传递输入/输出信号的接口部件，输入部件是开关、按钮、传感器等，输出部件是电磁阀、寄存器、继电器。

一般将一路信号称作一个点，将输入点和输出点数的总和称为

机器的点。按照点数的多少和程序容量，可将 PLC 分为微型、小型、中型、大型、超大型等几种类型。PLC 按规模分类方法见表 6 - 1。

表 6 - 1　　　　　　　　PLC 按规模分类

类型	I/O 点数	存储器容量/KB	机 型 举 例
微型	64 点以下	1～2	三菱 FX - 16、24、48，欧姆龙 C - 20，AB 公司 PLC - 4Microtrol，IPM 公司 IP - 1612
小型	64～128 点	2～4	三菱 FX - 64、80，西门子 S7 - 100U MODI-CON984
中型	128～512 点	4～16	三菱 K 系列、MODICON984 - 380，西门子 S7 - 15U，欧姆龙 C200H，AB 公司 PLC - 3/10
大型	512～8192 点	16～64	三菱 A 系列，MODICON984A、984B、984 - 780，欧姆龙 C200H
超大型	8192 点以上	64 以上	西门子 S7 - 155U

6.1.3　PLC 的主要性能指标

1. 存储容量

存储容量是指用户程序存储器的容量，它决定了 PLC 可以容纳用户程序的长短，一般以字为单位。中小型 PLC 的存储容量一般在 16KB 以下，超大型 PLC 的存储容量最多可达到 256KB～2MB。

2. 输入/输出点数

输入（I）/输出（O）点数即 PLC 面板上的输入/输出端子的个数。I/O 点数越多，外部可接的输入、输出器件就越多，控制规模就越大。

3. 扫描速度

扫描速度是指 PLC 执行程序的速度，一般以扫描 1K 字所用的时间来描述扫描速度。

4. 编程指令的种类和条数

编程指令种类及条数越多，其功能越强，即处理能力、控制能力越强。

166

5. 内部器件的种类和数量

内部器件包括各种继电器、计数器/定时器、数据存储器等。其种类越多、数量越大，存储各种信息的能力就越强。

6. 扩展能力

大部分 PLC 可以用 I/O 点数扩展，有的 PLC 可以使用各种功能模块进行功能扩展。

7. 功能模块的数量

功能模块是指可以完成模拟量控制、位置和速度控制以及通信联网等功能的模块。功能模块种类的强弱是衡量 PLC 产品水平高低的一个重要指标。

8. 编程语言与编程工具

每种类型 PLC 都具有多种编程语言，具有互相转换的可移植性，但不同类型的 PLC 的编程语言互不相同、互不兼容。

6.2 PLC 的硬件结构及工作原理

6.2.1 PLC 的硬件结构及模块

1. CPU 模块

PLC 硬件框图如图 6-1 所示。其 CPU 模块主要由微处理器（CPU）和存储器组成，CPU 是 PLC 的核心，是用来完成对不同

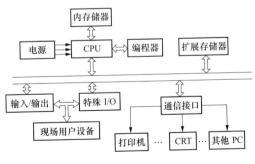

图 6-1 PLC 硬件组成框图

167

类型的信息进行操作的单元。PLC 产品的 CPU 主要有双极型位片式系列芯片、各种类型通用微处理器或各种单片机等器件。

（1）位片式 CPU。位片式 CPU 的主时钟频率可以达到 8～20MHz，指令执行周期为 50～115ms，主要用于大型 PLC。

（2）通用 CPU。通常为中小型 PLC 所采用。大中型 PLC 除用位片式 CPU 外，大多采用 16 位、32 位或 64 位 CPU。一般大中型 PLC 多为双微处理器系统，一个是字处理器，另一个是位处理器。

（3）单片微机。采用单片机构成的 PLC 在微型及小型 PLC 中较为流行。

PLC 中的内存储器使用两种类型存储器：ROM 和 RAM。

ROM 中的内容一般是由制造厂家写入的，并且永远驻留在 ROM 中，一般用于存放系统程序，如检查程序、键盘输入处理程序、翻译程序、信息传递程序和监控程序等。ROM 为系统存储器。

RAM 中的内容有用户程序（用户程序也可固化在 EPROM、E^{2}ROM 中）、逻辑变量、工作单元等。RAM 需要锂电池之类做后备电池支持。RAM 为用户存储器，中小型 PLC 的 RAM 在 8KB 以下，大型 PLC 的 RAM 已达 256KB 及以上。

2. I/O 系统

（1）通用 I/O 模块（板）。开关量 I/O 模块的品种和规格。PLC 配有各种操作电平和各种输出驱动能力的开关量 I/O 模块供用户选用。一般来说 PLC 的 I 和 O 是分开的。典型开关量输入模块有 DC 输入模块、无电压接点输入模块、AC 输入模块、AC/DC 输入模块，典型开关量输出模块有继电器输出模块、晶体管输出模块、晶闸管输出模块，实际使用产品的品种和规格见厂家说明书。

通常，直流输入模块的非屏蔽连线允许最大长度为 200～600m，屏蔽线的允许最大长度约为 600～1000m。输出模块允许非屏蔽连线最大长度约为 400m。

（2）智能 I/O 模块。

1）模拟量 I/O 模块。模拟量 I/O 模块的任务是把工业过程中的模拟信号转换成数字信号后输入 PLC，或把 PLC 的数字输出信号转换成电流信号去控制执行机构。

2）位置模块。在 PLC 的指挥管理下具体处理定位等问题，特别适用于机床控制、点位直线伺服控制等。

3）温度传感器模块。温度传感器模块可直接与热电偶或铂电阻相连，在模块内部进行信号放大及 A/D 转换，最后以 BCD 码形式输出送给 PLC。

4）高速计数模块。高速计数模块是一种硬件计数器模块。是一种可逆计数单元，可直接连接旋转编码器或增量编码器。

5）ASCII/BASIC 模块。ASCII/BASIC 模块由中央处理器、EPROM、COM RAM 及通信端口等部件组成，用于 ASCII 进行信息处理及执行用户 BASIC 程序。一般有两种工作方式：一是通过端口与 PLC 连接使用，受 PLC 的控制而工作；二是作为独立的工业控制机使用，独立运行自己的程序，生成各种运行报告，并可送给上位计算机。

6）PID 调节模块。这种模块除了主机外，还具有模拟量输入（电流、电压或热电偶）、脉冲输入、开关量输入以及模拟量输出、开关量输出等部分。它可脱离 PLC 独立完成比例（P）、比例积分（PI）和比例积分微分（PID）调节。它也可以和 PLC 连接，作为控制机的从机。

7）中断控制模块。中断控制模块适合于要求快速响应的机器控制，当接收到一个中断输入信号时，能暂时停止运行中的正常顺序程序，按照不同中断源去执行不同的中断处理程序。中断启动条件可根据所连接设备类型通过内部开关进行选择，中断可在输入脉冲的前沿或后沿启动。

3. 接口模块

（1）通信接口模块。通过这种模块，可与其他多个 PLC、上级计算机进行通信。通常模块配有 RS232/RS422 接口。

（2）I/O 接收器和发送器。I/O 接收器和发送器是 CPU 框架与 I/O 扩展框架之间或各 I/O 扩展框架间的接口电路，通过 I/O 发送器可进行 I/O 信号的并行传输，其传输距离可达 150m。

（3）远程 I/O 接收器和驱动模块。这种模块提供一个串行的全双工 I/O 数据通信链，借助于两对双绞屏蔽电缆，允许 I/O 信号串行传送（或接受）的距离达 3～5km。

（4）打印接口模块。使用这种模块，可使中小型 PLC 接上打印机。

4. 编程器

（1）简易编程器。这种编程器主要由操作方式选择开关、键盘、显示器等部分组成。显示器基本上为 LED、液晶或电发光显示器，只能用语句形式输入和编辑指令表程序，一般插在 PLC 的编程器插座上，或者用电缆与 PLC 相连。简易编程器一般用来给小型 PLC 编程，或者用于 PLC 控制系统的现场调试和维修。

（2）图形编程器。有液晶显示的便携式和阴极射线式两种。图形编程器既可以用指令语句进行编程，既可以用梯形图编程；既可以联机编程，又可以脱机编程；还可与打印机、绘图仪等设备连接，操作方便、功能性强，通常用于大中型 PLC。

6.2.2 PLC 的工作原理

PLC 工作的基本原理和计算机的工作原理是一样的，控制任务的完成是建立在 PLC 硬件的支持下，通过执行反映控制要求的用户程序来实现的。但是 PLC 对某些被控制对象的实现是有关逻辑关系的实现，并不一定有时间上的先后。因此，单纯像计算机那样工作，把用户程序由头到尾地顺序执行，并不能完全体现控制要求。

PLC 采用对整个程序巡回执行的工作方式（也称巡回扫描），扫描从用户程序存储器 0 号地址开始，在无中断或转移情况下，按存储器地址号顺序逐条扫描用户程序，直到所编用户程序结束为止，从而构成一个扫描周期，并周而复始地重复上述扫描程序。通过每一次扫描，完成各输入点状态采集或输入数据采集、用户程序的逻辑解读、各输出点状态的更新、自诊断等。巡回扫描过程如图 6-2 所示。

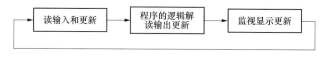

图 6-2 PLC 的巡回扫描过程

由于 PLC 采用循环扫描的工作方式，而且对输入和输出信号只在每个扫描周期的 I/O 更新阶段集中输入并集中输出，所以必然会产生输出信号相对输入信号的滞后现象。扫描周期越长，滞后现象越严重。对于慢速控制系统，由于扫描周期一般只有十几毫秒，最多几十毫秒，可以认为输入信号一旦变化就立即能进入输入映像寄存器中，其对应的输出信号也可以认为是及时的，对于快速响应控制系统就需要解决这一滞后问题。

6.2.3 PLC 控制系统的构成

1. 单机控制系统

这种系统用一台 PLC 控制一台设备，输入/输出点数和存储器容量较小，系统构成简单。

2. 集中控制系统

这种系统用一台 PLC 控制多台地理位置比较接近且相互之间的动作有一定联系的被控制备，例如用于由多台设备组成的流水线。采用这种系统时，必须注意 I/O 点数和存储器容量选择余量大些，以方便增加控制对象。

3. 远程 I/O 控制系统

远程 I/O 控制系统就是 I/O 模块不与控制器存放在一起，而是远距离地放置在被控设备附近。远程 I/O 模块与控制器之间通过电缆连接传递信息。不同厂家的不同 PLC 所能驱动的电缆或光缆长度不同，应用时必须按系统需要选择。

一个控制系统需设置多少个远程 I/O 站，要视控制对象的分散程度和距离而定，同时也受所选控制器能驱动 I/O 数的限制。

4. PLC 的链接与联网

PLC 链接与联网的目的是实现计算机对控制的管理及提高PLC 的控制能力和控制范围，使其从对设备级的控制发展到生产

线级，以至于工厂级的控制。

6.3 PLC 的 编 程

6.3.1 PLC 的编程语言

1. 梯形图编程语言

梯形图编程语言是一种面向过程的编程语言，是 PLC 最常使用的一种语言。它是在原电气控制系统中常用的接触器、继电器梯形图基础上演变而来的，它与电气操作原理图相呼应，为工程技术人员所熟知。梯形图构成例子如图 6-3 所示。

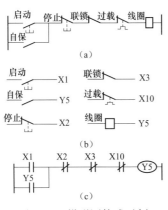

图 6-3 梯形图构成示例

(a) 继电器电路；(b) 输入/输出地址；(c) 梯形图

(1) 梯形图格式（LD）。梯形图可由多个梯级组成，每个输出元素构成一个梯级，一个梯级可由多个支路构成。每条支路上可容纳多个编程元素。最右边的元素必须是输出元素。梯形图两侧竖线称作母线，梯形图从上到下按行绘制，每行从左至右，左侧总是安排输入接点，输入接点只用动合"‖"和动断"╫"，不计及其物理属性。输出线圈用圆形或椭圆形表示。每个编程元素应按一定规则加标可识别符号（由字母和数字组成）。

(2) 梯形图的特点。

1) 梯形图中的继电器和输入接点均为存储器的一位，为"1"时，表示继电器线圈通电或动合接点闭合。梯形图中的继电器不是物理继电器。

2) 同一线圈编号在梯形图只能使用一次，但作为该线圈的接点则能像输入节点一样可以在梯形图程序中的任何网络多次使用。

3) 梯形图中用户某段逻辑计算结果可用内部继电器暂存，并可为后面用户程序所用。

4）内部继电器不能直接驱动现场机构。

2. 指令表语言（IL）

它是一种与汇编语言类似的助记符编程表达式，用一个或几个容易记忆的字符来代表 PLC 的某种操作功能。每个生产厂家使用的助记符是各不相同的。三菱 K 系列助记符举例如下：读输入信号（LD）、与运算（AND）、与非运算（ANI）、或运算（OR）、或非运算（ORI）、输出运算结果（OUT）。

用三菱 K 系列的表达式编制图 6-3（c）的控制回路程序如下。

```
LD X001
OR Y005
ANI X002
ANI X003
ANI X010
OUT Y005
```

指令表语言有如下特点。

（1）采用助记符来表示操作功能，具有容易记忆，便于掌握的优点。

（2）在手持编程器的键盘上采用助记符表示，便于操作，可在无计算机的场合进行编程设计。

（3）与梯形图有一一对应关系。其特点与梯形图语言基本一致。

3. 顺序功能流程图（状态转移图）语言（SFC）

顺序功能流程图语言是为了满足顺序逻辑控制而设计的编程语言，用方框表示，在方框内含有用于完成相应控制任务的梯形图逻辑。用于系统规模大、程序关系复杂的场合，简单的顺序功能流程图语言示意图如图 6-4 所示。

顺序功能流程图语言有如下特点。

（1）以功能为主线，按照功能流程的顺序分配，条理清晰，便于对用户程序的理解。

（2）避免梯形图或其他语言不能顺序动作的缺陷，同时也避

免了用梯形图语言对顺序动作编程时，由于机械互锁造成用户程序结构复杂、难以理解的缺陷。

（3）用户可以根据顺序控制步骤执行条件的变化，分析程序的执行过程，可以清晰地看到在程序执行过程中每一步的状态，便于程序的设计和调试。

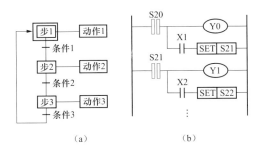

图 6 - 4　顺序功能流程图语言使用示意图

（a）结构框图；（b）梯形图示例

4. 高级编程语言

在某些高档 PLC 产品（例如 GE 公司的 SiRiES SiX）上已采用 BASIC 语言。随着 PLC 的发展，在许多场合要涉及数据处理的功能，使用高级语言将会更加方便。

6.3.2　器件及器件编号

PLC 的指令一般可分为两类：一类只有操作命令，另一类是操作命令与 PLC 内部器件编号的组合指令。操作命令（操作码）表示 CPU 要完成的操作功能，器件编号表示参加操作的器件地址（或操作数）。PLC 一般有如下各种操作器件。

1. 输入/输出继电器

输入继电器与 PLC 的输入端相连，它是一个经光电隔离的电子继电器，它不能由 PC 内部接点驱动，其所带动合及动开接点可以无限次使用。输出继电器的输出接点连接到 PC 的输出端上，输出继电器的线圈在一个程序中只能引用一次，但是其动合或动开接点却可以无限次引用。

2. 辅助继电器

PC 带有若干辅助继电器，其线圈由 PC 内各器件的接点驱动。辅助继电器的接点也可无限引用，但不能直接驱动外部负载。辅助继电器一般具有停电保护功能。

3. 移位寄存器

移位寄存器一般由辅助继电器组成，多数以 8 位为一组，可串接增加位数。移位寄存器有 3 个输入端，即数据输入、脉冲输入及复位端，输出接点也可多次引用。移位寄存器一般用于步进控制。

4. 特殊辅助继电器

一般，PLC 的特殊辅助继电器有如下几类。

（1）运行监视继电器。跟随 PC 的运行/停止而呈通/断。

（2）初始化继电器。当 PC 进入运行方式时，产生一个脉冲使计数器等部件复位。

（3）定时继电器。提供一定脉冲宽度和周期的连续定时脉冲。

（4）预警继电器。用作 RAM 存储器的支持电池电压过低的预警。

（5）故障保护继电器。它使所有输出继电器自动断开。当 PC 工作中发生异常时，用户可编程使这个继电器动作。

（6）标志继电器。有作算术逻辑运算结果的标志，也有编程错误标志。

5. 锁存继电器

这类继电器在停电时具有记忆功能，当电源恢复供电后，仍保持停电前的状态。

6. 定时器和计数器

定时器用来产生延时接收或延时断开信号，提供限时操作，定时时间由编程确定。计数器用来对外部发生事件（包括标准时间）计数，一般为减法型，计数值设定由程序完成，计数器的现行值一般在掉电时能保持。

7. 器件编号

器件的编号与 PLC 的厂家有关，不同厂家生产的 PLC，其编号是不同的。三菱 FX2 系列几种常用型号 PLC 的编程元件及编号见表 6-2。

表 6-2　　三菱 FX 系列几种常用型号 PLC 的编程元件及编号

PLC型号		FX0S	FX1S	FX0N	FX1N	FX2N
输入继电器 X（按八进制编号）		X0~X17（不可扩展）	X0~X17（不可扩展）	X0~X43（可扩展）	X0~X43（可扩展）	X0~X77（可扩展）
输出继电器 Y		Y0~Y15（不可扩展）	Y0~Y15（不可扩展）	Y0~Y127（可扩展）	Y0~Y27（可扩展）	Y0~Y77（可扩展）
辅助继电器 M	普通用	M0~M495	M0~M383	M0~M383	M0~M383	M0~M499
	保持用	M496~M511	M0384~M511	M384~M511	M0384~M1535	M500~M3071
	特殊用			M8000~M8255		
状态继电器 S	初始状态			S0~S9		
	返回原点					S10~S19
	普通用	S10~S63	S10~S127	S10~S127	S10~S999	S20~S499
	保持用	—	S0~S127	S0~S127	S0~S999	S500~S899
	信号报警	—	—	—	—	S900~S999
定时器 T	100ms	T0~T49	T0~T62	T0~T62	T0~T199	T0~T199
	10ms	T24~T49	T32~T62	T32~T62	T200~T245	T200~T245
	1ms	—	—	T63	—	—
	1ms 累积	—	—	—	T246~T24	T246~T249
	100ms 累积	T0~T199	T0~T199	T0~T199	T250~T255	T250~T255

续表

PLC型号		FX0S	FX1S	FX0N	FX1N	FX2N
计数器 C	16 位增计数（普通）	C0~C13	C0~C15	C0~C15	C0~C15	C0~C99
	16 位增计数（保持）	C14, C15	C16~C31	C16~C31	C16~C199	C100~C199
	32 位可逆计数（普通）	—	—	—	C200~C219	C200~C219
	32 位可逆计数（保持）	—	—	—	C220~C234	C220~C234
	高速计数器			C235~C255		
数据寄存器 D	16 位普通	D0~D29	D0~D127	D0~D127	D0~D127	D0~D199
	16 位保持	D30, D31	D128~D255	D128~D255	D128~D7999	D200~D7999
	16 位特殊	D8000~D8069	D8000~D8255	D8000~D8255	D8000~D8255	D8000~D8195
	16 位变址	V Z	V0~V7 Z0~Z7	V Z	V0~V7 Z0~Z7	V0~V7 Z0~Z7
指针 N, P, I	嵌套用			N0~N7		
	跳转用	P0~P63	P0~P63	P0~P63	P0~P127	P0~P127
	输入中断用	I00□~I30□配	I00□~I50□配	I00□~I30□配	I00□~I50□配	I00□~I50□配
	定时器用	—	—	—	—	I6□□配~I8□□配
	计数器用	—	—	—	—	I010~I060
常数 K, H	16 位		K: $-32768 \sim 32767$　H: $0000 \sim FFFFH$			
	32 位		K: $-2147483648 \sim 2147483647$　H: $00000000 \sim FFFFFFFFH$			

6.3.3　FX2N 编程指令及其功用

1. 基本指令及功用

（1）取指令与输出指令（LD/LDI/OUT/LDP/LDF）。LD（取）是动合触点与左母线连接指令，LDI（取反）是动断触点与左母线连接指令。执行这两条指令后，接点状态被读入累加器。OUT（输出）是线圈驱动指令，用于驱动输出继电器、辅助继电器、定时器、计数器等。执行 OUT 指令后，把累加器状态写到指令编号的器件中。LDP（取脉冲上升沿）与左母线连接的动合触点的上升沿检测指令，仅在指定位元件的上升沿（OFF→ON 时）接通一个扫描周期。LDF（取脉冲下降沿）与左母线连接的动开触点的下降沿检测指令。取指令与输出指令的使用示例如图 6-5 所示。

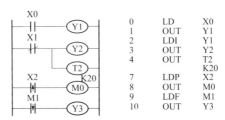

图 6-5　取指令与输出指令使用示例

（2）触点串联指令（AND/ANI/ANDP/ANDF）。AND（与）是单个动合接点串联指令，ANI（与反）是单个动开接点串联指令。执行这两条指令后，累加器内容与接点与（与反）运算结果送入累加器。ANDP（与脉冲上升沿）是进行上升沿检测串联连接指令。ANDF（与脉冲下降沿）是进行下降沿检测串联连接指令。触点串联指令使用示例如图 6-6 所示。

（3）触点并联指令 OR /ORI/ORP/ORF。OR（或）是单个动合接点并联指令，ORI（或反）是单个动开接点并联指令，执行这两条指令后，累加器内容与接点或（或反）运算结果送入累加器。ORP（或脉冲上升沿）是进行上升沿检测并联连接指令。ORF（或脉冲下降沿）是进行下降沿检测并联连接指令。触点并联指令使用示例如图 6-7 所示。

178

6 PLC 基本知识

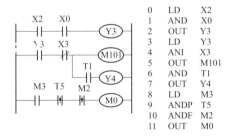

图 6 - 6 触点串联指令使用示例

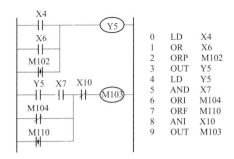

图 6 - 7 触点并联指令使用示例

（4）块操作指令 ORB/ANB。ORB（块或）是几个串联电路的并联指令，ANB（块与）是并联电路的串联指令，每个电路开始时使用 LD 或 LDI 指令，使用次数不得超过 8 次。这两条指令无需器件编号。块操作指令使用示例如图 6 - 8 和图 6 - 9 所示。

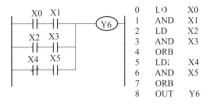

图 6 - 8 ORB 指令使用示例

（5）置位与复位指令（SET/RST）。SET（置位）是置位指令，它的作用是使被操作的目标元件置位并保持，目标元件为 Y、M、S。RST（复位）是复位指令，它的作用是使被操作的目标元件复位并保持，目标元件为 Y、M、S、T、C、D、V、Z。还用来

复位积算定时器和计数器。置位与复位指令使用示例如图 6‐10
所示。

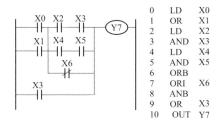

图 6‐9　ANB 指令使用示例

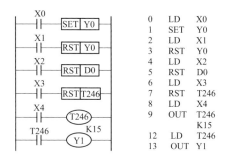

图 6‐10　置位与复位指令使用示例

（6）微分指令（PLS/PLF）。PLS（上升沿微分）在输入信号
上升沿产生脉冲输出，而 PLF（下降沿微分）在输入信号下降沿
产生脉冲输出。使用 PLS 指令，器件 Y、M 仅在驱动输入接通后
的一个扫描周期内动作；使用 PLF 指令，器件 Y、M 仅在驱动输
入断开后的一个扫描周期内动作。微分指令的使用示例如图 6‐11
所示。

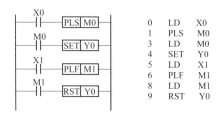

图 6‐11　微分指令使用示例

（7）主控指令（MC/MCR）。MC（主控）是公共串联接点连接指令（主控开始），是控制一组电路的总开关，它在梯形图中与一般的接点垂直，是与母线相连的动合接点，占 3 个程序步。如果在一个 MC 指令区内再使用 MC 指令称为嵌套。嵌套级数最多为 8 级。MCR（主控复位）是 MC 指令的复位指令（主控结束），它使母线回到原来的位置。MC 和 MCR 指令必须成对使用，主控指令的使用示例如图 6 - 12 所示。

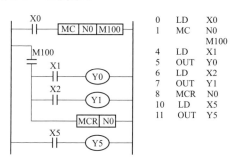

图 6 - 12　主控指令使用示例

（8）堆栈指令（MPS/MRD/MPP）。在 FX 系列 PLC 中有 11 个存储单元，专门用来存储程序运算的中间结果，称栈存储器。使用 MPS（进栈）指令时，把当时的运算结果压入栈的第一段，栈中原来的数据依次向下移动；使用 MPP（出栈）指令时，将第一段的数据读出，同时该数据从栈中消失，栈中数据依次向上移动。MRD（读栈）指令是把栈中第一段的数据读出的指令。读出时，栈内数据不发生移动。MRS 及 MPP 必须成对使用，且连续使用次数不应高于 11 次。MPP 指令必须用于最后一条分支电路。堆栈指令的使用示例如图 6 - 13 所示。

（9）跳步指令（CJP/EJP）。CJP 指令是条件跳步的开始，EJP 指令是条件跳步的结束。目标器件号为 700～777，CJP 与 EJP 必须成对使用，它们的跳步目标必须一致。跳步指令使用示例如图 6 - 14 所示。

（10）取反指令、空操作与结束指令（INV/OUT/RST）。INV（取反）指令：其功能是将 INV 指令执行之前的运算结果取反。取反指令的使用示例如图 6-15 所示。

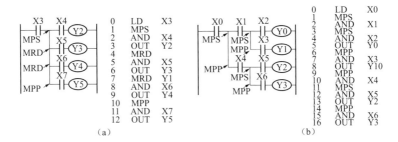

图 6-13　堆栈指令使用示例

（a）一层栈；（b）二层栈

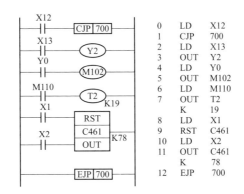

图 6-14　跳步指令使用示例

图 6-15　取反指令使用示例

　　END（结束）是程序结束指令，即在 END 以后的程序不再执行。NOP（空操作）是空操作指令，它的功能是使该步序作空操作。在程序中加入 NOP 指令，在改动或追加程序时可以减少步序号的改变。

　　2. 功能指令及功用

　　功能指令同一般的汇编指令相似，也是由操作码和操作数两大部分组成。用功能框表示功能指令，即在功能框中用通用的助记符形式来表示，如图 6 - 16 所示。该图中 X0 动合触点是功能指令的执行条件，其后的方框即为功能指令。

功能指令都是以指定的功能号来表示，为了便于记忆，每个功能指令都有一个助记符。例如 FNC45 的助记符是 MEAN，表示"求平均值"。这样就能见名知义。

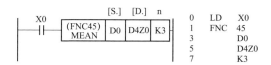

图 6 - 16　功能指令表示格式

图 6 - 16 中功能框第一段为操作码部分，表达了该指令做什么。功能框的第一段之后都是操作数部分，表达了参加指令操作的操作数在哪里。这里源操作数为 D0、D1、D2，目标操作数为 D4Z0（Z0 为变址寄存器），K3 表示有 3 个数，当 X0 接通时，执行操作为 ((D0)＋(D1)＋(D2))/3→(D4Z0)，如果 Z0 的内容为 20，则运算结果送入 D24 中，当 X0 断开时，此指令不执行。

有的功能指令没有操作数，而大多数功能指令有 1～4 个操作数。FX2N 的功能指令见表 6 - 3。

表 6 - 3　　　　　　　　　　FX2N 的功能指令

类型	FNC 编号	指令符号	功　　能
程序流向控制	00	CJ	条件跳转
	01	CALL	子程序调用
	02	SRET	子程序返回
	03	IRET	中断返回
	04	EI	允许中断
	05	DI	禁止中断
	06	FEND	主程序结束
	07	WDT	监视时钟
	08	FOR	循环范围开始
	09	NEXT	循环范围结束

续表

类型	FNC 编号	指令符号	功　能
传送、比较	10	CMP	比较
	11	ZCP	区间比较
	12	MOV	传送（S）→（D）
	13	SMOV	BCD 数位移位
	14	CML	取反传送（S）→（D）
	15	BMOV	成批传送
	16	FMOV	多点传送
	17	XCH	变换传送（D）=（D）
	18	BCD	BIN→BCD 变换传送
	19	BIN	BCD→BIN 变换传送
四则运算与逻辑运算	20	ADD	BIN 加法（S1）+（S2）→（D）
	21	SUB	BIN 减法（S1）-（S2）→（D）
	22	MUL	BIN 乘法（S1）×（S2）→（D）
	23	DIV	BIN 除法（S1）/（S2）→（D）
	24	INC	BIN 增量（D）+1→（D）
	25	DEC	BIN 减量（D）-1→（D）
	26	WAND	逻辑字与（S1）ˆ（S2）→（D）
	27	WOR	逻辑字或（S1）ˇ（S2）→（D）
	28	WXOR	逻辑字异或
	29	NEG	取补（D）+1→（D）
循环移位与移位	30	FOR	右循环移位
	31	ROL	左循环移位
	32	RCR	带进位右循环移位
	33	RCL	带进位左循环移位
	34	SFTR	右移位
	35	SFTL	左移位
	36	WSFR	右移字
	37	WSFL	左移字
	38	SFWR	先入先出（FIFO）写入
	39	SFRD	先入先出（FIFO）读出

类型	FNC 编号	指令符号	功　能
数据处理	40	ZRST	成批复位
	41	DECO	译码
	42	ENCO	编码
	43	SUM	位检查"1"状态的总数
	44	BON	位 ON/OFF 判定
	45	MEAN	平均值
	46	ANS	信号报警置位
	47	ANR	信号报警复位
	48	SQR	二进制数据开方运算
	49	FLT	二进制数据转换到浮点数
高速处理	50	REF	输入输出刷新
	51	REFF	调整输入滤波器的时间
	52	MTR	矩阵分时输入
	53	HSCS	比较置位（高速计数器）
	54	HSCR	比较复位（高速计数器）
	55	HSZ	区间比较（高速计数器）
	56	SPD	脉冲速度检测
	57	PLSY	脉冲输出
	58	PWM	脉宽调制
	59	PLSH	可调速脉冲输出
方便指令	60	IST	起始状态
	61	SER	数据搜索
	62	ABSD	绝对值式凸轮顺控
	63	INCD	增量式凸轮顺控
	64	TTMR	具有示教功能的定时器
	65	STMR	特殊定时器
	66	ALT	交变输出
	67	RAMP	倾斜信号
	68	ROTC	旋转台控制
	69	SORT	数据排序

续表

类型	FNC 编号	指令符号	功 能
外围 I/O 设备	70	TKY	十进制键入
	71	HKY	十六进制键入
	72	DSW	数字开关、分时读出
	73	SEGD	七段译码
	74	SEGL	七段分时显示
	75	ARWS	方向开关控制
	76	ASC	ASCII 码交换
	77	PR	ASCII 码打印
	78	FROM	读特殊功能模块
	79	TO	写特殊功能模块
F2 外围功能单元	80	RS	串行数据转送
	81	PRUN	八进制数据传送
	82	ASCI	HEX→ASCII 转换
	83	HEX	HEX→ASCII 转换
	84	CCD	校验码
	85	VRRD	模拟量输入
	86	VRSC	模拟量开关设定
	88	PID	PID 运算

6.4 PLC 的 应 用

6.4.1 PLC 机型选择

一般选择机型要以满足功能需要为宗旨，可以从以下几个方面考虑。

1. 对输入/输出点的选择

首先要了解控制系统的 I/O 总点数，再按实际所需点数的 15％～20％留出备用量后确定 PLC 的点数。

186

一些高密度输入点模块对同时接通的输入点数有限制（一般同时接通的输入点不得超过总输入点的 60%），在选择输入点数时应予考虑。

PLC 输出点数选择还要考虑输出点的电压种类和等级。PLC 的输出点有共点式、分组式和隔离式几种接法供选择。

2. 根据输出负载的特点选择输出形式

对于频繁通断的感性负载，应选择晶体管或晶闸管输出型；对于动作不频繁的交直流负载，可以选择继电器输出型。

3. 对存储容量的选择

对仅有开关量的控制系统，可以用输入点数乘 10 字/点加输出总点数乘 5 字/点来估算；计数器/定时器按 3～5 字/个来估算；有运算处理时，按 5～10 字/个估算；在有模拟量输入/输出的系统中，可以按每输入（输出）一路模拟量约 80～100 字来估算，有通信处理时，按每个接口需 200 字以上估算，最后再留一定的裕量。

4. 对控制功能的选择

PLC 的控制功能除了主控（带 CPU）模块外，更主要的是能配接多少功能模块。一般主控模块能实现基本的、常规的控制功能。功能模块（包括多路 A/D 模块、D/A 模块、多路高速计数模块、速度控制模块、温度检测与控制模块、轴定位及位置伺服控制模块、远程控制模块以及各种物理量转换模块等）则可以满足不同的要求。

5. 对 I/O 响应时间的选择

PLC 的 I/O 响应时间包括输入电路延迟、输出电路延迟和扫描工作方式引起的时间延迟等，当 PLC 仅用于逻辑控制时，绝大部分的 I/O 响应时间都能满足要求；而对于一些具有实时控制要求的系统，则应考虑采用 I/O 响应快的 PLC。具体应视实际系统的要求而定。

6. 根据性能价格比选择

通常中高档 PLC 机种的控制功能强，工作速度快，但主机及整机价格均较高。相对而言，普通的小型 PLC 机 I/O 点数较少，运行速度较低，控制功能一般，但整机价格低。PLC 的性能价格

比常以折合到每个 I/O 点的价格并结合 PLC 的控制功能和运行速度等性能指标，经和性能基本相同的机型比较及性能不同的机型比较来确定。

CPM1A 的性能指标见表 6 - 4，FX2N 功能技术指标见表 6 - 5。

表 6 - 4 **CPM1A 的性能指标**

项目		10 点 I/O 型	20 点 I/O 型	30 点 I/O 型	40 点 I/O 型
控制方式		存储程序方式			
输入输出控制方式		循环扫描方式和即时刷新方式并用			
编程语言		梯形图方式			
指令长度		1 步/1 指令，1~5 步 1 指令			
指令种类	基本指令	14 种			
	应用指令	79 种，139 种			
处理速度	基本指令	LD 指令＝17.2μs			
	应用指令	MOV 指令＝16.3μs			
程序容量/字		2048			
最大 I/O 点数	仅本体	10 点	20 点	30 点	40 点
	扩展时	—	—	50，70，90	60，80，100
项目		10 点 I/O 型	20 点 I/O 型	30 点 I/O 型	40 点 I/O 型
输入继电器（IR）		IR00000~00915		不作为 I/O 继电器使用的通道可作为内部辅助继电器使用	
输出继电器（IR）		IR01000~01915			
内部辅助继电器（IR）		512 点：IR20000~23115（IR200~231）			
特殊辅助继电器(SR)		384 点：SR23200~25515（SR232~255）			
暂存继电器（TR）		8 点：TR0~TR7			
保持继电器（HR）		320 点：HR0000~1915（HR00~19）			
辅助记忆继电器(AR)		256 点：AR0000~1515（AR00~15）			
链接继电器（LR）		256 点：LR0000~1515（LR00~15）			
计数器/定时器（TIM/CNT）		128 点：TIM/CNT000~127 100ms 型：TIM000~127 10ms 型：TIM000~127 减法计数器、可逆计数器			

项目		10 点 I/O 型	20 点 I/O 型	30 点 I/O 型	40 点 I/O 型
数据 存储器 （DM）	可读/写	1002 字：DM0000～0009，DM1022～1023			
	故障履历 存入区	22 字：DM1000～1021			
	只读	456 字：DM6144～6599			
	PC 系统设定区	56 字：DM6600～6655			
停电保持功能		保持继电器（HR），辅助继电器（AR），计数器（CNT），数据内存（DM）的内容保持			
内存后备		快闪内存：用户程序，数据内存（只读）（无电池保持） 超级电容：数据内存（读/写），保持继电器，辅助记忆继电器，计数器			
输入时间常数/ms		可设定 1/2/4/8/16/32/64/128 中的一个			
模拟继电器		2 点（BCD：0～200）			
输入中断		2		4	
快速响应输入		与外部中断输入共用（最小输入脉冲宽度 0.2ms）			
间隔定时器中断		1 点（0.5～319968ms，单次中断模式或重复中断模式）			
高速计数器		1 点单相 5kHz 或两相 2.5kHz（线性计数方式）			
		递增模式：0～65535（16 位）			
		递减模式：－32767～＋32767			
脉冲输出		1 点 20～2000Hz（单相输出：占空比 50%）			
自诊断功能		CPU 异常（WTD），内存检查，I/O 总线检查			
程序检查		无 END 指令，程序异常（运行时一直检查）			

表 6-5　　　FX2N 功能技术指标

项目	性能指标	注释
控制操作方式	反复扫描程序	由逻辑控制器 LSI 执行
I/O 刷新方式	处理方式（在 END 指令执行时成批刷新）	有直接 I/O 指令及输入滤波器时间长上常数调整指令
操作处理时间	基本指令：0.74μs/步	功能指令：几百微秒/步
编程语言	继电器符号语言（梯形图）＋步进指令	可用 SFC 方式编程

续表

项目		性能指标	注释	
程序容量/存储器类型		2K 步 RAM（标准配置） 4K 步 EEPROM 卡合 （选配） 8K 步 RAM，EEPROM EPROM 卡合（选配）		
指令数		基本指令 20 条，步进指令 2 条，应用指令 85 条		
输入继电器		24V DC，7mA 光电耦合	X0～X177 （八进制）	I/O 点数 共 256 点
输出 继电器	继电器	AC 250V，DC 30V， 2A（电阻负载）	Y0～Y177 八进制	
	双向晶闸管	AC 242C，0.3A/点， 0.8A/4 点		
	晶体管	DC 30V，0.5A/点， 0.8A/4 点		
辅助 继电器	通用型		M0～M499 （500 点）	范围可 通过参数 设置来改变
	所存型	电池后备	M500～M1023 （524 点）	
	特殊型		M8000～M8255（256 点）	
状态	初始化	用于初始状态	S0～S9（10 点）	
	通用		S10～S499 （490 点）	可通过参数 设置改变 其范围
	所存	电池后备	S500～S899 （400 点）	
	报警	电池后备	S900～S999（100 点）	
定时器	100ms	0.1～3276.7s	T0～T199（200 点）	
	10ms	0.01～327.67s	T200～T245（46 点）	
	1ms （累积）	0.01～ 32.767s	电池后备 （保持）	T246～T246（4 点）
	100ms （累积）	0.1～ 3276.7s		T250～T255（6 点）

190

项目				性能指标	注释	
计数器	加	16bit 1~32767		通用型	C0~C99 （100 点）	范围可通过 参数设置来改变
				电池后备	C100~C199 （100 点）	
	减	32bit －214748~ 214748		通用型	C200~C219 （20 点）	
				电池后备	C220~C234 （15 点）	
	高速	32bit 加减计数器		电池后备	C235~C255（6 点） 单相计数	
寄存器	通用数据 寄存器	16bit	一对 处理 32bit	通用型	D0~D199 （200 点）	范围可通过参数 设置来改变
				电池后备	D200~D511 （312 点）	
	特殊寄存器	16bit			D8000~D8255（265 点）	
	变址寄存器				V，Z（2 点）	
	文件寄存器	16bit（存于 子程序中）		电池后备	D1000~D2999， 最大 2000 点，由参数设置	
指针	JUMP/CALL	—			P0~P63（64 点）	
	中断	用 X0~X5 作中断输入， 定时器中断			I0~I8（9 点）	
嵌入标志		主控线路用			N0~N7（8 点）	
常数	十进制	16bit：－32767~32767，32bit：－2147473648~2147483648				
	十六进制	16bit：0~FFFFH，32bit：0~FFFFFFFFH				

6.4.2 PLC 的安装

1. PLC 的安装方法

通常，PLC 的使用说明书对安装上应注意的地方都有详细的说明，使用时应按照说明书中的要求来安装，通常应注意的地方如下。

（1）安装是否牢固。

（2）便于接线和调试。

（3）满足 PLC 对环节的要求。

（4）防止装配中残留的导线和铁屑进入。

（5）防止电击。

2. 接线

在对 PLC 进行外部接线之前，必须仔细阅读 PLC 使用说明书中对接线的要求，因为这关系到 PLC 能否正常而可靠地工作、是否会损坏 PLC 或其他电气装置和零件、是否会影响 PLC 的寿命。在接线中容易出现的问题如下。

（1）接线是否正确无误。

（2）是否有良好的接地。

（3）供电电压、频率是否与 PLC 所要求的一致。

（4）输入或输出的公共端应当接电源的正极还是负极。

（5）传感器的漏电流是否会引起 PLC 状态判别。

（6）过负荷、短路。

（7）防止强电场或动力电缆对控制电缆的干扰。

3. PLC 控制系统中接地的处理

零线如何处理是可编程控制器系统设计、安装、调试中的一个重要问题。处理方法如下。

（1）一点接地和多点接地。一般情况下，高频电路应就近多点接地；低频电路中，布线和元件间的电感并不是什么大问题，然而接地形成的环路对电路的干扰影响很大，因此通常以一点作为接地点。但一点接地不适用于高频，因为高频时零线上具有电感，增加了零线阻抗，调试时各零线之间又产生电感耦合。一般来说，频率在 1kHz 以下，可用一点接地；高于 10MHz 时，采用多点接地；在 1～10MHz 之间可用一点接地，也可多点接地。根据这一原则，可编程控制器组成的控制系统一般都采用一点接地。

（2）交流地与信号地不能共用。由于在一般电源零线的两点间会有数毫伏，甚至几伏电压，对低电平信号电路来说，这是一个非常严重的干扰，因此必须加以隔截和防止。

（3）浮地与接地的比较。全机浮空即系统各个部分与大地浮置起来，这种方法简单，但整个系统与大地的绝缘电阻不能小于 50MΩ。这种方法具有一定的抗干扰能力，但绝缘下降就会带来干扰。

（4）将机壳接地，其余部分浮空。这种方法抗干扰能力强，安全可靠，但实现起来比较复杂。

由此可见，可编程控制器系统还是以接大地为好。

（5）模拟地。模拟地的接法十分重要，为了提高抗共模干扰能力，对于模拟信号可采用屏蔽浮地技术。对于具体的可编程控制器模拟量信号的处理要严格按照操作手册的要求设计。

（6）屏蔽地。在控制系统中，为了减少信号中电容耦合噪声，以便准确检测和控制，对信号采用屏蔽措施是十分必要的。根据屏蔽目的不同，屏蔽地的接法也不一样。电场屏蔽解决分别电容问题，一般接大地；磁场屏蔽以防磁铁、电机、变压器、线圈等的磁感应、磁耦合，一般接大地为好。

6.4.3 实用电路

1. PLC 两台电动机顺序启动电路

PLC 两台电动机顺序启动电路如图 6-17 所示。按下 SB1，内部继电器（本节以下省略内部）Y0 得电吸合并自锁，电动机 M1 启动，同时时间继电器 T 得电，延时 10s 后，其动合触点闭合，此时方可启动电动机 M2，实现两台电动机的顺序启动控制。

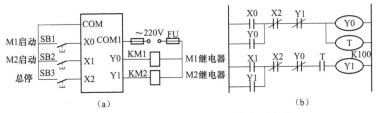

图 6-17 PLC 两台电动机顺序启动电路

(a) 外部接线图；(b) 制梯形图

2. PLC 小车自动往返电路

PLC 小车自动往返电路如图 6-18 所示。将限位开关的动合

触点串在反向控制电路中，这样在小车碰触限位开关时，除了断开自身控制电路外，还要启动反向控制电路。

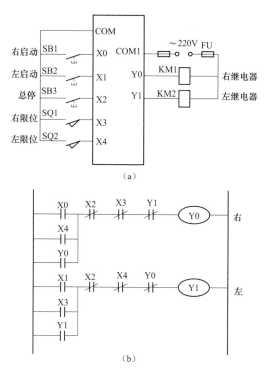

图 6-18　PLC 小车自动往返电路

（a）外部接线图；（b）制梯形图

3. PLC 与变频器控制的电动机双向运行电路

PLC 控制电动机双向运转电路如图 6-19 所示。按下 SB1，输入继电器 X1 动作，输出继电器 Y0 得电并自保，接触器 KM 动作，变频器接通电源。

按下 SB4，继电器 X4 动作，输出继电器 Y1 得电并自保，变频器 FWD 接通，电动机正向启动并运行。

按下 SB5，继电器 X5 动作，输出继电器 Y2 得电并自保，变频器 REV 接通，电动机反向启动并运行。

在电动机运行过程中，如果变频器发生故障而跳闸，则 X0 动作，Y0 复位，变频器切断电源。

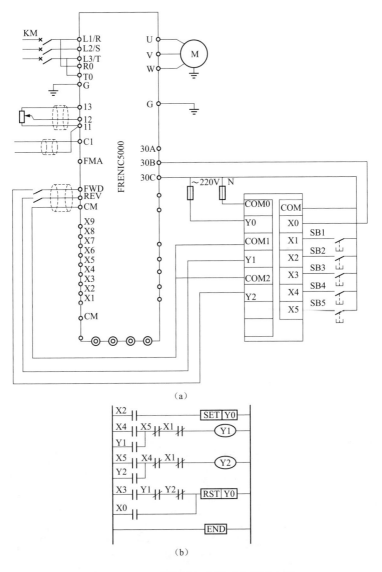

(a)

(b)

图 6-19　PLC 控制电动机双向运转电路

(a) 外部接线图；(b) 梯形图

7

电气安全

7.1 安全用电常识

7.1.1 用电注意事项

（1）不可用铁丝或铜丝代替熔丝，如图 7-1 所示。由于铁（铜）丝的熔点比熔丝高，当线路发生短路或超载时，铁（铜）丝不能熔断，将失去对线路的保护作用。

图 7-1　不能铜丝代替熔丝　　　图 7-2　插座"左火"是错误的

（2）电源插座不允许安装得过低和安装在潮湿的地方，插座必须按"左零右火"接通电源，如图 7-2 所示。

（3）应定期对电气线路进行检查和维修，更换绝缘老化的线路，修复绝缘破损处，确保所有绝缘部分完好无损。

（4）不要移动正处于工作状态的洗衣机、电视机、冰箱等家用电器，应在切断电源、拔掉插头的条件下搬动，如图 7-3 所示。

（5）使用床头灯时，用灯头上的开关控制用电器有一定的危险，应选用拉线开关或电子遥控开关，这样更为安全。

（6）发现用电器发声异常或有焦煳异味等不正常情况时，应立即切断电源，进行检修。

（7）照明等控制开关应接在相线（火线）上，灯座螺口必须接零，如图 7-4 所示。严禁使用"一线一地"（即采用一根相线和大地做零线）的方法安装电灯、杀虫灯等，防止有人拔出零线造成触电。

图 7 - 3　拔掉插头搬家电

图 7 - 4　灯座螺口接零

（8）平时应注意防止导线和电气设备受潮，不要用湿手去摸带电灯头、开关、插座以及其他家用电器的金属外壳，也不要用湿布去擦拭。在更换灯泡时要先切断电源，然后站在干燥木凳上进行操作，使人体与地面充分绝缘，如图 7 - 5 所示。

（9）不要用金属丝绑扎电源线。

（10）发现导线的金属外露时，应及时用带黏性的绝缘黑胶布加以包扎，但不可用医用自胶布代替电工用绝缘黑胶布，如图 7 - 6 所示。

图 7 - 5　站在木凳上换灯泡

图 7 - 6　严禁用医用自胶布包缠绝缘

（11）晒衣服的铁丝不要靠近电线，以防铁丝与电线相碰。更不要在电线上晒衣服，如图 7 - 7 所示。

图 7 - 7　电线附近不能晒衣服

（12）使用移动式电气设备时，应先检查其绝缘是否良好，在使用过程中应采取增加绝缘的措施，如使用电锤、手电钻时最好戴绝缘手套并站在橡胶垫上进行。

（13）洗衣机、冰箱等家用电器在安装使用时，必须按要求将其金属外壳做好接零线或接地线的保护措施。

（14）在同一插座上不能插接功率过大的用电器，也不能同时插接多个用电器。这是因为如果线路中用电器的总功率过大，导线中的电流超过电线所允许通过的最大正常工作电流，导线会发热。此时，如果熔丝又失去了自动熔断的保险作用，就会引起电线燃烧，造成火灾，或发生用电器烧毁的事故。

（15）在潮湿环境中使用可移动电器，必须采用额定电压为 36V 的低压电器，若采用额定电压为 220V 的电器，其电源必须采用隔离变压器，金属容器（如锅炉、管道）内使用移动电器，一定要用额定电压为 12V 的低压电器，并要加接临时开关，还要有专人在容器外监护，低压移动电器应装特殊型号的插头，以防误插入电压较高的插座上。

7.1.2　触电形式

1. 单相触电

变压器低压侧中性点直接接地系统，电流从一根相线经过电气设备、人体再经大地流回到中性点，这时加在人体的电压是相电压，如图7-8所示。其危险程度取决于人体与地面的接触电阻。

2. 两相触电

电流从一根相线经过人体流至另一根相线，在电流回路中只有人体电阻，如图7-9所示。在这种情况下，触电者即使穿上绝缘鞋或站在绝缘台上也起不了保护作用，所以两相触电是很危险的。

图7-8 变压器低压侧中性点直接　　图7-9 两相触电示意图
　　　接地单相触电示意图

3. 跨步电压触电

如输电线断线，则电流经过接地体向大地作半环形流散，并在接地点周围地面产生一个相当大的电场，电场强度随离断线点距离的增加而减小，如图7-10所示。

潮湿地面

漏电导线

图7-10 跨步电压触电示意图

距断线点 1m 范围内，约有 60％ 的电压降；距断线点 2～10m 范围内，约有 24％ 的电压降；距断线点 11～20m 范围内，约有 8％ 的电压降。

4. 雷电触电

雷电是自然界的一种放电现象，在本质上与一般电容器的放电现象相同，所不同的是作为雷电放电的两个极板大多是两块雷云，同时雷云之间的距离要比一般电容器极板间的距离大得多，通常可达数千米，因此可以说是一种特殊的"电容器"放电现象。如图 7-11 所示。

图 7-11　雷电触电示意图

除多数放电在雷云之间发生外，也有一小部分的放电发生在雷云和大地之间，即所谓落地雷。就雷电对设备和人身的危害来说，主要危险来自落地雷。

落地雷具有很大的破坏性，其电压可高达数百万伏到数千万伏，雷电流可高至几十千安，少数可高达数百千安。雷电的放电时间较短，大约只有 50～100μs。雷电具有电流大，时间短、频率高、电压高的特点。

人体如直接遭受雷击，其后果不堪设想。但多数雷电伤害事故，是由于反击或雷电流引入大地后，在地面产生很高的冲击电流，使人体遭受冲击跨步电压或冲击接触电压而造成电击伤害的。

7.1.3 脱离电源的方法和措施

1. 触电者触及低压带电设备

（1）当发现有人触电时，救护人员应设法助其迅速脱离电源，如拉开电源开关或刀开关或拔除电源插头等，如图 7 - 12 所示。或使用干燥的绝缘工具、干燥的木棒、木板等不导电材料解脱触电者。

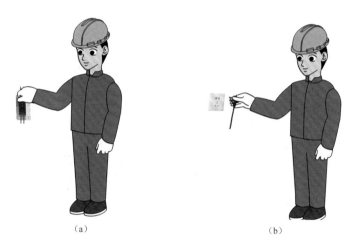

（a）   （b）

图 7 - 12 断开电源

（a）拉开刀开关；（b）拔除电源插头

（2）救护人员也可脚踩在木板上抓住触电者干燥而不贴身的衣服，将其拖开，如图 7 - 13 所示。

（3）戴绝缘手套或将手用干燥的衣物等包起绝缘后再解脱触电者。

（4）救护人员站在绝缘垫上或干木板上，把自己绝缘后再进行救护。

（5）为使触电者与导电体解脱，最好用一只手进行。

（6）若电流通过触电者入地，并且触电者紧握电线，可设法用一块木板塞到其身下，使其与地绝缘，也可用干木把斧子或有绝缘柄的钳子等将电线剪断，剪断电线要分相，一根一根地剪断。

图 7 - 13　立于木板上拉开触电者示意图

2. 触电发生在架空杆塔上

（1）如系低压带电线路，若可能立即切断线路电源的，应迅速切断电源，或由救护人员迅速登杆，用绝缘钳、干燥不导电物体将触电者拉离电源，如图 7 - 14 所示。

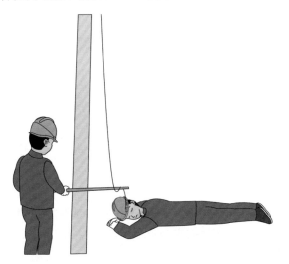

图 7 - 14　木棒挑开电源示意图

（2）如系高压带电线路又不可能迅速切断电源开关的，可采用抛挂临时金属短路线的方法，使电源开关跳闸。

（3）救护人员使触电者脱离电源时，要注意防止高处坠落和再次触及其他线路。

7.2 触电救护方法

7.2.1 口对口（鼻）人工呼吸法

口对口（鼻）人工呼吸法步骤如下。

1. 清除异物

若触电者呼吸停止，重要的是确保其气道通畅，如发现其口内有异物，可将其身体及头部同时偏转，并迅速用手指从其口角处插入取出异物，如图 7-15（a）所示。

2. 通畅气道

可采用仰头抬颏法，严禁用枕头或其他物品垫在触电者头下，如图 7-15（b）所示。

3. 捏鼻掰嘴

救护人员用一只手捏紧触电者的鼻孔（不要漏气），另一只手将触电者的下颌拉向前方，使嘴张开（嘴上可盖一块纱布或薄布），如图 7-15（c）所示。

4. 贴紧吹气

救护人员作深呼吸后，紧贴触电者的嘴（不要漏气）吹气，先连续大口吹气两次，每次 1～1.5s，如图 7-15（d）所示；如两次吸气后试测颈动脉仍无搏动，可判定心跳已经停止，要立即同时进行胸外按压。

5. 放松换气

救护人员吹气完毕准备换气时，应立即离开触电者的嘴，并放松捏紧的鼻孔；除开始大口吹气两次外，正常口对（鼻）呼吸的吹气量不需过大，以免引起胃膨胀；吹气和放松时要注意触电者胸部应有起伏的呼吸动作。吹气时如有较大阻力，可能是触电者头部后仰不够，应及时纠正，如图 7-15（e）所示。

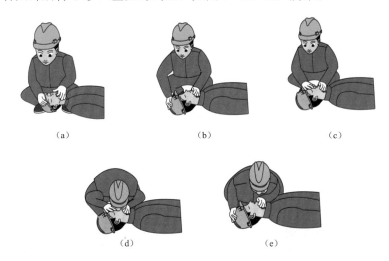

图 7-15　口对口（鼻）呼吸法示意图
（a）清除异物；（b）通畅气道；（c）捏鼻掰嘴；（d）贴紧吹气；（e）放松换气

6. 操作频率

按以上步骤连续不断地进行操作，每分钟约吹气 12 次，即每 5s 吹一次气，吹约 2s，呼气约 3s，如果触电者的牙关紧闭，不易撬开，可捏紧其嘴，向其鼻孔吹气。

7.2.2　胸外心脏按压法

胸外心脏按压法步骤如下。

1. 找准正确压点

（1）右手的中指沿触电者的右侧肋弓下缘向上，找到肋骨和胸骨接合处的中点，如图 7-16（a）所示。

（2）两手指并齐，中指放在切迹中点（剑突底部），食指平放在触电者胸骨下部，如图 7-16（b）所示。

（3）另一只手的掌根紧挨食指上缘置于胸骨上，即为正确的按压位置，如图 7-16（c）所示。

2. 正确的按压姿势

（1）使触电者仰面躺在平硬的地方，救护人员站立或跪在伤

员一侧肩旁，两肩位于触电者胸骨正上方，两臂伸直，肘关节固定不屈，两手掌根相叠，手指翘起，不按触触电者胸壁，如图 7-16 （d）所示。

（2）以髋关节为支点，利用上身的重量，垂直将触电者胸骨压陷 3～5cm（此为正常成人标准，儿童及瘦弱者酌减）。

（3）按压至要求程度后，立即全部放松，但放松时救护人员的掌根不得离开胸壁。

（4）按压必须有效，其标志是按压过程中可以触及触电者的颈动脉搏动。

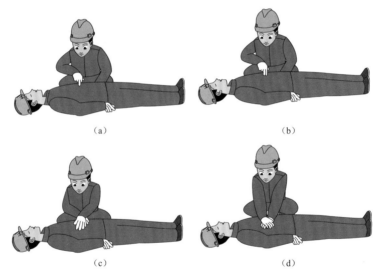

（a）　　　　　　　（b）

（c）　　　　　　　（d）

图 7-16　胸部按压法示意图

3. 操作频率

胸外按压应以匀速进行，每分钟 80 次左右，每次按压与放松时间相等。